Sylvain Nafiba Ouédraogo (Éd.)

Diversité et dégâts des mouches de fruits du manguier au Burkina Faso

Sylvain Nafiba Ouédraogo (Éd.)

Diversité et dégâts des mouches de fruits du manguier au Burkina Faso

Etude de la dynamique spatio-temporelle en fonction de facteurs biotiques et abiotiques

Presses Académiques Francophones

Impressum / Mentions légales

Bibliografische Information der Deutschen Nationalbibliothek: Die Deutsche Nationalbibliothek verzeichnet diese Publikation in der Deutschen Nationalbibliografie; detaillierte bibliografische Daten sind im Internet über http://dnb.d-nb.de abrufbar.
Alle in diesem Buch genannten Marken und Produktnamen unterliegen warenzeichen-, marken- oder patentrechtlichem Schutz bzw. sind Warenzeichen oder eingetragene Warenzeichen der jeweiligen Inhaber. Die Wiedergabe von Marken, Produktnamen, Gebrauchsnamen, Handelsnamen, Warenbezeichnungen u.s.w. in diesem Werk berechtigt auch ohne besondere Kennzeichnung nicht zu der Annahme, dass solche Namen im Sinne der Warenzeichen- und Markenschutzgesetzgebung als frei zu betrachten wären und daher von jedermann benutzt werden dürften.

Information bibliographique publiée par la Deutsche Nationalbibliothek: La Deutsche Nationalbibliothek inscrit cette publication à la Deutsche Nationalbibliografie; des données bibliographiques détaillées sont disponibles sur internet à l'adresse http://dnb.d-nb.de.
Toutes marques et noms de produits mentionnés dans ce livre demeurent sous la protection des marques, des marques déposées et des brevets, et sont des marques ou des marques déposées de leurs détenteurs respectifs. L'utilisation des marques, noms de produits, noms communs, noms commerciaux, descriptions de produits, etc, même sans qu'ils soient mentionnés de façon particulière dans ce livre ne signifie en aucune façon que ces noms peuvent être utilisés sans restriction à l'égard de la législation pour la protection des marques et des marques déposées et pourraient donc être utilisés par quiconque.

Coverbild / Photo de couverture: www.ingimage.com

Verlag / Editeur:
Presses Académiques Francophones
ist ein Imprint der / est une marque déposée de
OmniScriptum GmbH & Co. KG
Heinrich-Böcking-Str. 6-8, 66121 Saarbrücken, Deutschland / Allemagne
Email: info@presses-academiques.com

Herstellung: siehe letzte Seite /
Impression: voir la dernière page
ISBN: 978-3-8416-2224-2

Zugl. / Agréé par: Paris, Université Paris Est, 2011

Copyright / Droit d'auteur © 2015 OmniScriptum GmbH & Co. KG
Alle Rechte vorbehalten. / Tous droits réservés. Saarbrücken 2015

Dédicace

A mon père défunt et à tous les membres de sa famille

A maman et à tous les membres de sa famille

A ma Sœur Laetitia et à toute sa famille

A mon frère Cyriaque et sa famille

A mon frère Alfred

A mon épouse Grâce Olive

A M. OUEDRAOGO Gaspard

A Mlle NACOULMA Judith Amélie

A tous mes enseignants et éducateurs

A tous les producteurs de mangue du Burkina Faso

A la mémoire de Dr Serge QUILICI

Remerciements

Ce travail est l'aboutissement d'un projet de recherche sur les mouches des fruits infestant la mangue que j'ai eu le privilège de conduire depuis la préparation de mon Diplôme d'Etudes Approfondies en Entomologie jusqu'à la présentation de ce mémoire de thèse de doctorat.

Je voudrais par les lignes qui suivent exprimer mes remerciements et traduire ma reconnaissance à tous ceux qui d'une manière ou d'une autre m'ont soutenu, dirigés, conseillés et accompagnés tout au long de ces années de formation.

Aux Pères Guy Compaoré et Andrea Cristiani, j'exprime ma profonde gratitude pour m'avoir recommandé et introduit auprès de la Fondation Un Raggio Di Luce qui a financé mes travaux de recherche. Au président de cette fondation M. Paolo Carrara ainsi qu'à ses collaborateurs en Italie en l'occurrence M. Cristiano Vannuchi et au Burkina à travers Mme Paola Ciardi, MM. Jean Pierre Nana et Vincent Ouattara de IRIS AFRIK, j'exprime toute ma reconnaissance et ma profonde gratitude.

Mon inscription à l'Université Paris Est et mes séjours en France ainsi que dans les laboratoires de recherche au Bénin ont été possibles grâce au soutien de la coopération Française au Burkina Faso qui m'a accordé une bourse de thèse. J'adresse mes remerciements aux responsables de cette coopération pour cet appui et à mes interlocuteurs dans la mise en œuvre de cette bourse que sont Annick Giraudeau de CAMPUS France Burkina et ses collaborateurs de EGIDE.

Mes remerciements s'adressent aussi aux responsables de tous les niveaux du Ministère de l'Agriculture de l'Hydraulique et des Ressources Halieutiques du Burkina Faso ainsi qu'aux agents de ce ministère qui m'ont soutenu et apporté leur appui sur le terrain.

Les recherches sur le terrain ont été conduites dans des vergers de manguiers à l'Ouest du Burkina Faso et en partie dans les laboratoires de l'Institut de l'Environnement et de Recherches Agricoles (INERA) Station de Farakô Bâ. Aux producteurs fruitiers de cette zone j'adresse mes remerciements pour la collaboration. Aux responsables de l'INERA particulièrement ceux de la station de Farakô Bâ ainsi qu'au personnel de cet institut j'exprime ma reconnaissance pour l'accueil et les facilités dont j'ai bénéficiés. Je tiens particulièrement à remercier l'équipe mouches des fruits composée de MM Sanou Bakary, Ouédraogo Boukary, Ouédraogo Issa, Sanou René, Somé Arcadius, Sanou Zézouma et Tiendrebeogo Antoine qui pendant 3 ans m'a accompagné sur le terrain dans mes recherches. A tous les chercheurs de l'INERA, particulièrement à feu Dr Sawadogo Abdoulsalam et à Dr Dona Dakouo je voudrais manifester toute ma gratitude pour les conseils et le soutien qu'ils m'ont apporté tout au long de cette période de formation.

J'ai séjourné dans les laboratoires du Centre International de Coopération et de Recherche Agronomique pour le Développement (CIRAD) à l'Institut International d'Agriculture Tropicale (IITA) logés à Africa Rice à Cotonou pour une partie de mes travaux. Aux responsables de ces structures et à leur personnel, j'adresse mes remerciements pour l'accueil et les facilités qu'ils m'ont accordés. Je remercie particulièrement M. Firmin Hounkposson, Dr Antonio Sinzogan, Dr Apollinaire Adandonon, Mme Alliance Tossou, M. Cyrille Akponon et tous les étudiants du laboratoire de Dr Jean-Frannçois Vayssières.

Au personnel et aux responsables du Centre IRD de Bondy où j'ai préparé cette thèse dans l'équipe Interactions Biologique dans le Sol (IBIOS) de l'Unité Mixte de Recherche Biogéochimie et Ecologie des Milieux Continentaux (UMR 211 BIOEMCO), j'exprime ma reconnaissance et mes remerciements pour l'accueil et le soutien. Je remercie particulièrement tous les chercheurs de l'Unité de recherche IBIOS du site de Bondy pour leur assistance, leurs conseils et leur soutien dans le traitement et l'exploitation de données, la correction de mes différents manuscrits, et pour leur contribution à ma formation. Je me garde de citer les noms pour ne pas en oublier mais je demande à tous et à chacun des membres de cette équipe de trouver ici l'expression de ma gratitude à leur endroit. A mes collègues doctorant du laboratoire du site de Bondy (Fatima, Chi, Thuy, Mai, Anne, Gaël, Charlène et Raphael) ainsi qu'à M. Zeeshan Majeed doctorant à l'IRD Montpellier et à Dr. My Dung Huynh, j'exprime ma joie de les avoir connus et les remercie de l'ambiance cordiale qui a régné entre nous. A ceux qui sont toujours sur le chemin de la thèse, je présente tous mes encouragements et mes vœux de succès.

Pour sa disponibilité, son appui et ses conseils à mon endroit, j'exprime ma reconnaissance à Dr. Manuel Blouin enseignant chercheur à l'Université Paris Est ainsi qu'aux enseignants et au personnel et de cette université pour le appui et leur collaboration.

A mes encadrants, aux membres de mon jury et à ceux qui nous ont accompagnés et guidés tout au long de mes travaux de recherche nous voulons traduire toute ma reconnaissance et ma sincère gratitude.

Dr Jean-François Vayssières, chercheur au CIRAD/IITA à Cotonou, vous avez accepté malgré la distance de me nous suivre dans le cadre de cette formation. Très pris par vos recherches sur les mouches des fruits et beaucoup sollicité sur la question, vous avez su trouver du temps pour me suivre et me conseiller dans mes recherches tout en mettant à ma disposition votre très grande expérience sur le sujet et en m'ouvrant de nombreuses perspectives. Vous avez su me comprendre, accepter mon « train de sénateur » comme vous le disiez un jour, pour me guider, allant jusqu'à partager mes soucis sur le terrain en m'aidant à les résoudre. Pour votre compréhension, votre patience et tous les efforts consentis pour me soutenir, je vous remercie et vous prie d'accepter là, l'expression de ma profonde gratitude.

Pr Corinne Rouland-lefevre, Directrice de Recherche au Centre IRD de Bondy, vous avez accepté me recevoir dans votre équipe pour ma formation doctorale. Malgré vos occupations, et vos responsabilités, vous avez su trouver le temps nécessaire à la direction de ma thèse. Vos conseils avisés ont suscités en moi la recherche d'une plus grande visibilité pour mon travail et une plus grande ouverture scientifique dans mon domaine de recherche. Compréhensive et patiente, vous avez su attendre les bons moments pour m'apporter vos corrections et m'accompagner dans la finalisation de ma thèse et la préparation de ma soutenance. Au-delà de ma formation scientifique, vous avez toujours su créer des conditions favorables pour mon épanouissement dans votre laboratoire et pour mes séjours en France. Pr Rouland-Lefève, je vous prie d'accepter l'expression de ma profonde gratitude pour tout le soutien que vous nous avez apporté.

Dr Rémy Dabiré, vous qui depuis ma formation en Agronomie m'avez suivi, je ne saurai assez vous remercier. Face aux réalités vécues sur le terrain, j'ai bénéficié de vos conseils scientifiques et de votre expérience pour effectuer des choix stratégiques pour l'aboutissement de mes travaux. Au-delà des difficultés personnelles que vous avez vécues et de votre nouvelle situation professionnelle vous avez toujours été à mes cotés, en vous invertissant personnellement à certains moments pour résoudre certaines difficultés que j'ai rencontrées. Soucieux de ma formation scientifique et de mon avenir au plan humain et social, vous n'avez pas oublié de créer des conditions favorables pour mon épanouissement. Soyez en remerciés.

Je voudrais aussi par ces lignes témoigner toute ma gratitude et ma reconnaissance à Pr Idrissa Dicko, enseignant chercheur à l'Université Polytechnique de Bobo-Dioulasso avec qui j'ai entamé cette formation à l'étape du DEA. Pr Dicko, vos conseils m'ont conduit à une plus grande ouverture pour ma formation. Votre simplicité et votre disponibilité me serviront toujours d'exemples.

Je remercie également Dr Marc de Meyer et Dr Paul Van Mele qui on accepté d'être membre de mon comité de thèse.

Aux membres de mon jury de thèse j'adresse mes sincères remerciements pour avoir accepté de juger ce travail que j'ai réalisé.

A Pr Dominique Fresneau enseignant à l'Université Paris XIII et à Dr Serge Quilici, Chercheur au CIRAD à la Réunion, j'exprime ma profonde gratitude d'avoir accepté d'être les rapporteurs de mon jury de thèse. Malgré les contraintes liées aux délais très courts pour ma soutenance, vous êtes restés disponibles. Soyez en remerciés.

Dr Dona Dakouo directeur de recherche à l'INERA Farakô Bâ, malgré la distance, vous avez accepté de vous joindre à vos collègues pour apprécier le travail que j'ai réalisé. Je vous remercie pour votre écoute et pour votre contribution à l'amélioration de ce travail.

Enseignant à l'Université Paris Est, vous avez accepté malgré vos occupations de présider mon jury de thèse, je voudrais Pr Philippe Mora vous exprimer toute ma reconnaissance pour votre disponibilité.

Je remercie aussi Sœur Chantal de la Fournière et Père Philippe Guiougou qui m'ont aidé à trouver un logement à Bondy au cours de mon dernier séjour en France. Ces remerciements s'adressent aussi aux responsables de l'Association le Rocher qui ont accepté de m'accueillir et à mes colocataires Guillaume Fauchère et Emeric de Baglion et ainsi qu'à tous les autres volontaires cette association et les membres de la communauté de l'Emmanuel de Bondy.

Enfin, pendant mes absences du Burkina, j'ai bénéficié de l'appui et du soutien de bon nombre d'amis. A ceux-ci particulièrement à Florent Lankoandé, Vianney Tarpaga, Adolphe Zangre, Ida Lankoandé, Philippe Ouédraogo et Judith Amélie Nacoulma j'exprime toutes mes amitiés et ma reconnaissance.

TABLE DES MATIERES

Remerciements ii

Liste des tableaux ix

Liste des figures et planches xi

Liste des photos xiii

Liste des annexes xiv

I. INTRODUCTION GENERALE 1

II. REVUE BIBLIOGRAPHIQUE 5

    2.1. LE MANGUIER 6

        2.1.1. Description 6

            2.1.1.1. L'arbre 6

            2.1.1.2. Le fruit 8

        2.1.2. Propriétés et usages 9

        2.1.3. Production et commercialisation de la mangue ... 11

            2.1.3.1. Sur le plan international 11

            2.1.3.2. Au Burkina Faso 11

        2.1.4. Ravageurs du manguier 12

            2.1.4.1. Les maladies 12

            2.1.4.2. Les insectes ravageurs 13

    2.2. LES MOUCHES DES FRUITS 15

        2.2.1. Systématique 15

2.2.2. Biologie et écologie	16
2.2.2.1. Biologie	16
2.2.2.2. Ecologie	18
2.2.2.3. Ethologie	24
2.2.3. Incidence économique des Tephritidae	26
2.2.4. Contrôle des dégâts des mouches des fruits au champ	27
2.2.4.1. Lutte chimique conventionnelle	27
2.2.4.2. Utilisation des appâts empoisonnés	27
2.2.4.3. Lutte prophylactique	28
2.2.4.4. Technique d'annihilation des mâles (TAM ou "MAT")	28
2.2.4.5. Lutte biologique	28
2.2.4.6. La lutte autocide	28
2.2.4.7. Les pratiques culturales	29
2.2.4.8. Lutte intégrée (I. P. M.)	29
III. MATERIELS ET METHODES	**31**
3.1. ZONE ET SITES D'ETUDE	31
3.1.1. Localisation des sites d'étude	31
3.1.2. Choix des vergers	33
3.1.3. Caractéristiques climatiques des vergers sélectionnés	34
3.1.4. Caractéristiques culturales des vergers sélectionnés	36
3.2. MATERIELS	40

3.2.1.	Matériel végétal...	40
3.2.2.	Matériel de piégeage...	41
3.2.2.1.	Les pièges..	41
3.2.2.2.	Les attractifs..	42
3.2.2.3.	L'insecticide..	42
3.2.3.	Matériel de collecte des données climatiques............	44
3.2.3.1.	Les thermohygromètres....................................	44
3.2.3.2.	Les pluviomètres...	44
3.2.4.	Matériel divers...	45
3.3.	MÉTHODOLOGIE..	46
3.3.1.	Inventaire floristique...	46
3.3.2.	Mise en place des pièges.......................................	46
3.3.3.	Relevé des pièges..	47
3.3.4.	Collecte des données climatiques...........................	48
3.3.5.	Echantillonnage des mangues................................	49
3.3.6.	Echantillonnage des fruits d'autres espèces............	49
3.3.7.	Incubation des fruits..	50
3.3.8.	Suivi des incubations et mise en éclosion des pupes..	50
3.3.9.	Identification des espèces capturées.......................	51
3.4.	TRAITEMENT ET ANALYSE DES DONNEES................	51
3.4.1.	Logiciels utilisés...	51

3.4.2. Traitement et Tests statistiques.. 51

3.4.2.1. Inventaires des espèces.. 51

3.4.2.2. Fluctuation des populations de Tephritidae dans les vergers de manguiers... 53

3.4.2.3. Evaluation de l'importance des dégâts de Tephritidae sur la mangue et les autres plantes hôtes.. 54

3.4.2.4. Influence des facteurs biotiques et abiotiques sur les fluctuations de population.. 56

IV. RESULTATS... 57

4.1. BIODIVERSITE ET FLUCTUATION DES POPULATIONS DE TEPHRITIDAE DANS LES VERGERS.. 58

4.1.1. Inventaire des Tephritidae dans les vergers 59

4.1.1.1. Diversité alpha... 59

4.1.1.2. Diversité Bêta.. 63

4.1.1.3. Espèces dominantes... 65

4.1.1.4. Autres espèces... 66

4.1.1.5. Espèces rares... 68

4.1.1.6. Discussion... 69

4.1.2. Fluctuation des populations des principales espèces de Tephritidae... 70

4.1.2.1. Fluctuations des populations de *B. invadens*............................. 71

4.1.2.2. Fluctuations des populations de *C. cosyra*................................. 79

4.1.2.3. Influence des facteurs abiotiques sur les fluctuations de populations... 86

4.1.2.4. Discussion 89

4.2. ETUDE DES DEGATS DES TEPHRITIDAE SUR LA MANGUE DANS LES VERGERS DE L'OUEST BURKINA.. 96

4.2.1. Importance des dégâts 96

4.2.1.1. Incidence des dégâts et taux d'infestation selon les cultivars et la localité... 97

4.2.1.2. Evolution des dégâts dans la saison de mangue......................... 99

4.2.2. Identification des espèces associées aux dégâts............................... 102

4.2.2.1. Espèces associées aux dégâts 102

4.2.2.2. Distribution des espèces selon les cultivars............................. 104

4.2.2.3. Distribution des espèces selon les localités.............................. 107

4.2.2.4. Distribution des espèces selon les périodes d'échantillonnage... 109

4.2.2.5. Importance économique des espèces associées aux dégâts........ 113

4.2.3. Influence des facteurs abiotiques sur les dégâts 114

4.2.3.1. Température.. 114

4.2.3.2. Humidité Relative.. 114

4.2.3.3. Pluviométrie... 115

4.2.4. Discussion... 115

4.2.4.1. Importance des dégâts 115

4.2.4.2. Identification des espèces associées aux dégâts........................ 117

4.2.4.3. Influence des facteurs abiotiques sur les dégâts occasionnés par les Tephritidae à la mangue 121

4.3. IDENTIFICATION D'AUTRES PLANTES HOTES DES TEPHRITIDAE DANS LES FORMATIONS VEGETALES RIVERAINES DES VERGERS........... 123

4.3.1. Inventaire des espèces ligneuses dans les formations végétales riveraines des Vergers.................... 124

4.3.1.1. Diversité alpha.................... 124

4.3.1.2. Diversité bêta.................... 124

4.3.2. Autres plantes hôtes des Tephritidae autour des vergers sites.......... 128

4.3.2.1. Identification.................... 128

4.3.2.2. Importance des dégâts.................... 133

4.3.3. Espèces de Tephritidae associées aux dégâts 134

4.3.3.1. Identification et abondance des espèces associées 134

4.3.3.2. Distribution des espèces associées aux dégâts selon les plantes hôtes.................... 136

4.3.4. Influence des plantes hôte dans la fluctuation des populations de Tephritidae et leurs dégâts sur la mangue.................... 138

4.3.4.1. Influence sur la fluctuation des populations.................... 138

4.3.4.2. Influence sur les dégâts.................... 139

4.3.5. Discussion.................... 140

4.3.5.1. Diversité des espèces ligneuses dans les formations végétales riveraines des vergers.................... 140

4.3.5.2. Identification des autres plantes hôtes des Tephritidae autour des vergers sites et des Tephritidae associés.................... 141

4.3.5.3. Influence de l'abondance des autres plantes hôte sur la fluctuation des populations et l'importance de dégâts de Tephritidae dans les vergers.................... 143

V. CONCLUSION GENERALE.................... 143

REFERENCES BIBLIOGRAPHIQUES.................... 146

LISTE DES TABLEAUX

Tableau 1: Composition de la pulpe de mangue.. 11

Tableau 2: Caractéristiques culturales des 7 vergers sites de l'étude................ 38

Tableau 3: Indices de diversité biologique des Tephritidae pour les différents sites d'étude.. 61

Tableau 4: Résultats du Test de comparaison de Student entre les indices de Shannon-Wienner des différents sites d'étude... 62

Tableau 5: Indices de diversité bêta des Tephritidae dans les vergers de manguiers de manguiers de l'Ouest du Burkina.. 64

Tableau 6: Résultats de l'analyse de corrélation entre les températures et les captures des mâles et femelles des 3 principales espèces de Tephritidae des vergers de manguiers de l'Ouest du Burkina Faso entre mars 2008 et décembre 2009.. 87

Tableau 7: Coefficients de corrélation entre les captures des adultes des Tephritidae les plus abondantes et l'Humidité Relative de l'air dans les vergers de manguiers de l'Ouest du Burkian Faso entre Mars 2008 et décembre 2009.. 88

Tableau 8: Coefficients de corrélation entre les captures des adultes des Tephritidae les plus abondantes et les cumuls pluviométriques hebdomadaires dans les vergers de manguiers de l'Ouest du Burkina Faso entre décembre 2007et décembre 2009.. 89

Tableau 9: Evolution de l'incidence des dégâts de Tephritidae sur les variétés de mangue échantillonnées dans la zone de l'étude entre 2008 et 2009.. 100

Tableau 10: Proportions des différentes espèces de Tephritidae dans les éclosions de pupes issues des mangues infestées pour différentes variétés collectées dans les vergers de l'Ouest du Burkina Faso en 2008 et 2009.. 104

Tableau 11: Résultats de l'analyse de variance des proportions à l'éclosion des Tephritidae associés aux dégâts selon les variétés de mangues.................. 106

Tableau 12: Proportions d'émergences des différentes espèces de Tephritidae associées aux dégâts sur la mangue selon la localité.. 108

Tableau 13: Proportions (%) des espèces de Tephritidae issues des fruits infestés selon la saison.. 109

Tableau 14: Proportions d'émergence des Tephritidae issus des fruits infestés selon les périodes de collecte d'échantillons.. 111

Tableau 15: Proportions des individus recensés et richesse spécifique des espèces ligneuses par site au cours de l'inventaire.................................... 124

Tableau 16: Indices de diversité spécifique des espèces ligneuses autour des 6 vergers d'étude.. 125

Tableau 17: Indices de diversité bêta et nombres d'espèces ligneuses communes des communautés de ligneux autour des 6 vergers d'étude............ 127

Tableau 18: Liste des autres plantes hôtes des Tephritidae identifiées au cours l'étude... 129

Tableau 19: Densités moyennes de pupes de mouches des fruits (par 100 g de fruits frais) des espèces de plantes hôtes identifiées... 134

Tableau 20: Proportions (%) des adultes des espèces de Tephritidae associées aux dégâts sur les autres ligneux hôtes au cours des 2 années de suivi.......... 135

Tableau 21: Proportions à l'émergence des espèces de Tephritidae identifiés selon les plantes hôtes qu'elles infestent... 137

Tableau 22: Coefficients de corrélation et valeurs des probabilitités entre la fluctuation des populations de Tephritidae et la richesse spécifique des ligneux autour des sites d'étude... 139

LISTE DES FIGURES ET DES PLANCHES

Figure 1: Cycle de développement des Tephritidae.................................. 18

Figure 2: Situation de la zone d'étude et localisation des sites................. 32

Figure 3: Relief de la zone de l'étude.. 33

Figure 4: Valeurs moyennes mensuelles de l'humididité relative entre avril et juin dans les différents sites au cours de l'étude................................ 35

Figure 5: Valeurs moyennes mensuelles de la température entre avril et juin dans les différents sites au cours de l'étude...................................... 35

Figure 6: Pourcentage des différentes variétés de manguiers cultivées dans les 7 vergers.. 36

Figure 7: Richesse spécifique des Tephritidae dans différents vergers de l'Ouest du Burkina Faso entre décembre 2007 et décembre 2009.. 60

Figure 8: Incidence moyennes au cours de l'étude des dégâts de Tephritide sur les mangues selon les cultivars.. 98

Figure 9: Taux d'infestations moyens des mangues par les Tephritidae selon les cultivars dans des vergers de l'Ouest du Burkina Faso en 2008 et 2009... 99

Figure 10: Proportions (en %) des Tephritidae identifiées à partir des fruits infestés pendant les saisons de mangue 2008 et 2009 dans les vergers de l'Ouest du Burkina Faso... 103

Figure 11: Importance économique des espèces de Tephritidae infestant la mangue dans les vergers de l'Ouest du Burkina Faso au cours de la saison 2009.. 113

Figure 12: Incidences moyennes des Tephritidae sur différentes espèces hôtes identifiées autour des vergers sites au cours de l'étude........................ 133

Planche 1 : Fluctuation des populations mâles de *B. invadens* dans les sites du Kénédougou.. 73

Planche 2 : Fluctuation des populations mâles de *B. invadens* dans les sites de la Comoé 74

Planche 3 : Fluctuation des populations mâles de *B. invadens* dans les sites du Houet.. 75

Planche 4 : Fluctuation des populations femelles de *B. invadens* dans les sites du   Kénédougou.. 76

Planche 5 : Fluctuation des populations femelles de *B. invadens* dans les sites de la   Comoé.. 77

Planche 6 : Fluctuation des populations femelles de *B. invadens* dans les sites du Houet.. 78

Planche 7 : Fluctuation des populations mâles de *C. cosyra* dans les sites du Kénédougou.. 80

Planche 8 : Fluctuation des populations mâles de *C. cosyra* de la Comoé.. 81

Planche 9 : Fluctuation des populations mâles de *C. cosyra* dans les sites du Houet.. 82

Planche 10 : Fluctuation de captures des femelles de *C. cosyra* dans les sites du Kénédougou.. 83

Planche 11 : Fluctuation des populations mâles de *C. cosyra* dans les sites de la Comoé.. 84

Planche 12 : Fluctuation des populations mâles de *C. cosyra* dans les sites du Houet.. 85

LISTE DES PHOTOS

Photo 1: Pied de manguier (*Mangifera indica* L.) en floraison.................. 8

Photo 2 et 3: Dispositif de suivi des populations de Tephritidae dans les vergers.. 43

Photo 4: Piège Tephri trap... 43

Photo 5: Piège Mac Phail.. 43

Photo 6: Thermo hygrographe à tembour................................... 44

Photo 7: Enregistreurs de température et d'humidité à mémoires............. 44

Photo 8: Pluviomètre à lecture directe.................................... 45

Photo 9: *Bactrocera invadens* (*B. invadens*)............................. 67

Photo 10: *Ceratitis cosyra*... 67

Photo 11: *Ceratitis silvestrii*.. 67

Photo 12: *Ceratitis fasciventris*.. 67

Photo 13 : *Ceratitis quinaria*.. 67

Photo 14: Fruit de *Sarcocephalus latifolius*............................. 132

Photo 15: Pulpe de *Sarcocephalus latifolius* contenant des larves de Tephritidae.. 132

Photo 16: Fruit de *Saba senegalensis*................................... 132

Photo 17: Fruit de *Saba senegalensis* contenant des larves de Tephritidae.. 132

Photo 18: Fruit de *Sclerocarya birrea*.................................. 132

Photo 19: Fruits de *Slerocarya birrea* infestés par des Tephritidae........ 132

LISTE DES ANNEXES

Annexe 1: Variétés de mangues échantillonnées.. II

Annexe 2 : Fiches de collecte des données.. III

Annexe 3 : Proportions (en %) des différentes espèces de Tephritidae capturées au cours de l'inventaire dans des vergers de l'Ouest du Burkina entre décembre 2007 et décembre 2009 VIII

Annexe 4: Liste des plantes identifiées.. X

I. INTRODUCTION GENERALE

Les mouches de fruits (Diptera : Tephritidae) sont considérées comme l'un des ravageurs des cultures les plus redoutables au monde selon Norrbom (2004). Plus de 4000 espèces de cette famille sont connues à travers le monde avec une large distribution couvrant les zones tropicales et subtropicales ainsi que les zones tempérées et occupant des habitats variés allant des forêts humides aux savanes sèches (Raghu, 2002). Parmi ces espèces, près de 200 sont considérées comme déprédatrices des cultures. Endophytes, les larves des mouches des fruits se développent dans les tissus végétaux après les piqûres de pontes des femelles gravides qui peuvent avoir lieu au niveau d'espèces végétales très diverses (i) fruitières (agrumes, pommes, mangue, etc), (ii) légumières (pastèques, courges, tomates, etc) et (iii) adventives. Les Tephritidae, ravageurs carpophages pour les espèces qui nous intéressent ici, occasionnent des dégâts directs (Norrbom, 2004) très importants et limitent le développement des cultures horticoles dans de nombreux pays tropicaux. Classées comme ravageurs de quarantaine, dans les échanges internationaux de produits agricoles, les mouches des fruits constituent un facteur limitant les exportations de fruits et légumes pour certains pays et accroissent leurs coûts à l'exportation du fait des traitements de désinfection appliqués. Les pertes liées aux dégâts de ces insectes sont estimées à travers le monde à plusieurs milliards de dollars selon Norrbom (2004). Face au mode d'agression des plantes par les Tephritidae, la lutte contre ces ravageurs est d'autant plus complexe que la lutte chimique conventionnelle reste peu efficace dans le contrôle de leurs dégâts (Vayssières *et al.*, 2008) et présente des effets néfastes pour l'environnement, les producteurs et les consommateurs. Face à cette situation et ce pour améliorer les méthodes de lutte contre ces ravageurs, de nombreuses études à travers le monde ont été consacrées à la connaissance de ces insectes tant sur le plan de leur systématique, de leur biologie, de leur écologie, de leur éthologie et de la lutte (Christenson et Foot, 1960 ; Bateman, 1968, 1972 ; Fletcher, 1987), particulièrement en Afrique (Noussourou et Diarra, 1995 ; Lafleur, 1995 ; Vayssières *et al.* 2000 ; Lux *et al.*, 2003 Vayssières *et al.* 2004 ; Mwatawala *et al*, 2004 ; 2006 ; White, 2006 ; Ekesi et al., 2006, De Meyer et al., 2010). Malgré ces acquis, ces études se poursuivent de nos jours du fait du changement de statut de certains de ces insectes qui en se retrouvant dans un environnement nouveau différent de leur milieu naturel y deviennent des ravageurs redoutables (Raghu, 2002). Parmi ces espèces *Bactrocera invadens*[1] Drew Tsuruta & White est une nouvelle espèce de mouche des fruits invasive en Afrique, Sub Saharienne, originaire du Sri Lanka. En Afrique, ces études sur les mouches des fruits et particulièrement *B. invadens* s'orientent entre autres selon Mwatawala et al., (2009 a), Ekesi et Mohamed (2010) vers la taxonomie, la biologie et l'écologie pour une meilleure connaissance des espèces de leurs conditions de développement ainsi que sur la survie de l'espèce en période d'absence de fruits et légumes, et les facteurs qui régulent la pullulation de l'espèce dans les vergers.

Au Burkina Faso, très peu d'études ont été jusque là consacrées aux Tephritidae. Ainsi, la très faible connaissance des mouches des fruits responsables des dégâts sur le manguier, la principale culture fruitière du pays, n'a pas permis de développer une stratégie efficace et durable de lutte contre ces ravageurs malgré la recrudescence de leurs dégâts et les interceptions de plus en plus nombreuses en Europe de mangues en provenance de ce pays (Guichard, 2009). Cette situation a motivé la conduite de la présente étude intitulée « Dynamique spatio-temporelle des mouches des fruits inféodées aux vergers de manguiers de l'Ouest du Burkina Faso en fonction de facteurs biotiques et abiotiques ». La température, l'hygrométrie et les précipitations sont les facteurs abiotiques considérés dans nos recherches tandis que le manguier avec ses différents stades phénologiques en tant que plante hôte principal de ces Tephritidae a constitué un des facteurs biotiques que nous avons considéré. La possibilité de trouver autour des vergers, d'autres plantes hôtes de ces ravageurs a constitué l'autre point d'investigation sur les facteurs biotiques pris en compte par ce travail. Cette orientation de l'étude part du fait que selon Fletcher (1989) et Meat (1989), la disponibilité dans le temps et dans l'espace des plantes hôtes ainsi que la quantité et la qualité des fruits de ces hôtes, en association avec les facteurs abiotiques, peuvent être considérés comme les facteurs clés déterminants pour le cycle biologique, la stratégie de vie et l'écologie des mouches des fruits de la tribu des Dacinae.

En cherchant ainsi à améliorer la compréhension de l'écologie des Tephritidae inféodés au manguier dans la zone fruitière de l'Ouest du Burkina Faso, ce travail fournira des

---

[1] D'après les travaux de M. K. Schutze *et al.* (2014), cette espèce est la même que *Bactrocera dorsalis* (la mouche orientale du fruit).

connaissances nouvelles qui contribueront au développement d'une stratégie de lutte efficace et durable contre ces ravageurs. Pour atteindre cet objectif, nous avons mené durant 2 années, des investigations sur le terrain dans 7 vergers de manguiers de l'Ouest du Burkina Faso, la principale zone de production de mangue du pays. Elles ont été conduites sur la base de 3 hypothèses de recherche, à savoir :

1) Il existe une diversité de Tephritidae inféodés aux vergers de manguiers de l'Ouest du Burkina Faso qui est homogène pour toute la zone.

2) Les dégâts des mouches des fruits sur la mangue sont le fait de plusieurs espèces et leur importance varie selon les cultivars de manguiers.

3) Il existe des plantes-hôtes des Tephritidae ravageurs du manguier dans les formations végétales riveraines des vergers qui influencent significativement les fluctuations de leurs populations dans les vergers avec pour conséquence des dégâts importants.

Le présent mémoire fait la synthèse de recherches sur le sujet ci-dessus défini. Après la revue de la littérature sur le manguier et les mouches des fruits, il présente la méthodologie suivie pour la réalisation de l'étude, puis les résultats obtenus organisés dans 3 chapitres.

Dans le Chapitre 1 intitulé « Biodiversité et fluctuations des populations de Tephritidae dans les vergers de manguiers », il est présenté la diversité des espèces de Tephritidae dans les vergers de manguiers de la zone d'étude ainsi que les fluctuations des populations des principales espèces. Ce chapitre fait aussi ressortir l'effet, de certains facteurs climatiques à savoir la température, l'hygrométrie et les précipitations sur les fluctuations de populations des Tephritidae dominants ainsi que celui de la phénologie du manguier comme facteur biotique dans ces fluctuations.

Le Chapitre 2 qui a pour titre « Etude des dégâts des Tephritidae sur la mangue dans les vergers de manguiers de l'Ouest du Burkina » présente les espèces infestant la mangue dans la zone d'étude et leur importance économique. Il précise par ailleurs l'importance des dégâts de ces ravageurs selon les cultivars de manguiers et l'influence des facteurs climatiques enregistrés sur l'importance de ces dégâts.

Le dernier point de la présentation des résultats, le Chapitre 3 intitulé « Identification d'autres plantes hôtes des Tephritidae dans les formations végétales riveraines des vergers », livre les résultats des investigations sur l'identification des autres plantes hôtes des mouches de la mangue autour des vergers tout en précisant leur contribution dans la fluctuation de populations des Tephritidae dans les vergers et le développement de leurs infestations sur la mangue.

A l'issue de la présentation de ces différents résultats qui ont été discutés, une conclusion générale sur le travail réalisé et les résultats obtenus présente les perspetives qui se dégagent des ces études.

II. REVUE BIBLIOGRAPHIQUE

2.1. LE MANGUIER

2.1.1. Description

2.1.1.1. L'arbre

Plante à fleurs et à fruits (spermaphyte) le manguier (*Mangifera indica* L.) appartient à la classe des dicotylédones, à l'ordre des Sapindales et la famille des Anacardiaceae (Photo 1). Il est originaire du nord de l'Inde au pied de la chaîne Himalayenne (Arbonnier, 2002).

C'est un arbre à grande cime étalée arrondie et dense qui peut atteindre 30 m de hauteur (Arbonnier 2000) avec un tronc monopode bien individualisé. Il dispose d'un système racinaire pivotant avec quelques ramifications pour un bon ancrage au sol bien adapté à la recherche de nappe phréatique dans des conditions de stress hydrique (FAO, 1999). Le feuillage du manguier vert foncé à la partie supérieure de l'arbre, est pâle dans sa partie basale et d'ordinaire rougeâtre au stade jeune (C.R.F.G., 1996). Les feuilles simples et persistantes, sont entières avec une disposition alterne et un limbe elliptique avec un long pétiole pouvant atteindre 5 cm de long (Arbonnier, 2000). L'inflorescence est une panicule terminale qui porte environ 1000 fleurs munies d'un pédicelle de 2 à 3 millimètres de long. Le manguier a des fleurs soit hermaphrodites, soit mâles jaunâtres à leur épanouissement et qui deviennent orangées par la suite. Ces fleurs comportent 5 sépales et 5 pétales avec en général une étamine par fleur parfaite et un ovaire supère contenant un seul ovule (de Laroussilhe, 1980).

Plante de climat tropical, le manguier pousse dans des zones à pluviosité comprise entre 600 et 1200 mm (de Laroussilhe, 1980) par an et se développe bien dans l'intervalle de température + 2,2°C à + 43,5°C (Singh, cité par de Laroussilhe, 1980). Selon Woodrow cité par de Laroussilhe (1980), la température optimale de croissance du manguier est comprise entre +23°C et +27°C. Il s'adapte à tous les types de sol, mais les sols assez légers ou de structure moyenne sans croûte ni carapace à faible profondeur ou les sols profonds (au moins 2 m de profondeur) avec un pH compris entre 5,5 et 6,5 sont les mieux indiqués pour la culture du manguier (de Laroussilhe, 1980). Le manguier est caractérisé par une croissance rythmique nette qui fait que la tige du jeune manguier s'allonge régulièrement suivant un même axe avec 2 à 5 poussées végétatives par an selon le climat. La fin de croissance des rameaux est marquée par la floraison apicale.

Photo : O.S.Nafiba

Photo 1 : Pied de manguier (*Mangifera indica* L.) en floraison

Le manguier fleurit après un repos végétatif de 2 à 3 mois causé par une période sèche en climat semi-aride ou par un excès de pluviosité accompagné d'un rafraîchissement de l'atmosphère en climat équatorial. La première floraison du manguier a lieu entre la 5ème et la 7ème année mais ce délai a été ramené à 3 à 4 ans par la sélection et le greffage (F.A.O., 1999).

2.1.1.2. Le fruit

Les fruits du manguier appelés mangues sont des drupes (fruits charnus) de 7 à 12 cm de diamètre plus ou moins aplatie latéralement qui ont à maturité une odeur caractéristique. Leur forme est très variable selon les variétés (oblongue, réniforme, elliptique, ovoïde, cordiforme ou aplatie), avec à l'extrémité un bec qui peut être de différentes formes. Leur poids va de moins de 100g pour certaines variétés à plus d'un kg pour d'autres avec une préférence sur le plan commercial pour les fruits de taille moyenne. Ils sont rattachés à l'arbre par un long pédoncule dont la longueur va de 10 à 25 cm selon les variétés. Une coupe transversale de la mangue présente de l'extérieur vers l'intérieur 3 parties que sont la peau ou épicarpe, la pulpe ou mésocarpe et le noyau ou endocarpe.

L'épicarpe, assez mince chez les variétés cultivées, est de couleur verte, devenant jaune à jaune verdâtre chez certaines variétés ou rouge violacé, sur la totalité du fruit ou par plages. Elle présente des lenticelles plus ou moins apparentes. La pulpe a une coloration jaune orangée, avec une fermeté variable selon la variété. Elle est sucrée, très légèrement acidulée, avec une saveur variable et un goût nettement prononcé de térébenthine pour les mangots (fruits des manguiers sauvages ou mangotiers) qui persiste parfois quoique atténué chez certaines variétés sélectionnées. L'endocarpe est quant à lui plus ou moins garni de fibres dures et résistantes suivant les variétés. Il contient une graine unique de grande taille (4 à 7 cm de long sur 3 à 4 cm de large et 1 cm d'épaisseur) qui est monoembryonnée chez les variétés greffées et polyembryonnée chez les mangotiers. Cette situation fait que les variétés greffées ne peuvent pas être multipliées par graine. La croissance et la maturation du fruit après la fin de la floraison, peut durer trois à six mois selon les variétés et les conditions climatiques. Son évolution peut être divisée en quatre stades selon Srivastava, (1967) et de Laroussilhe (1980) qui sont :

- Le stade juvénile : il s'étend sur environ 21 jours et débute à la fécondation. Il se caractérise par une multiplication rapide des cellules formant le jeune fruit.

- La croissance du fruit : elle dure 28 jours environ pendant lesquels les cellules s'allongent, l'activité respiratoire s'accroît modérément et le rapport carbone/azote (C/N) augmente.

- Le stade climactérique ou stade critique : il se caractérise par une activité respiratoire et un rapport C/N élevés et l'accumulation des réserves sous forme d'amidon. Il dure 77 à 80 jours pour les variétés indiennes. Les pigments chlorophylliens verts disparaissent progressivement à la fin de ce stade, marquant ainsi le début de la coloration de la peau.

- Le stade mature : il commence à la fin du stade climactérique où le fruit a accumulé toutes ses réserves et peut être récolté sans inconvénient pour sa qualité. A ce stade, les fruits subissent différentes transformations, dont les principales sont la transformation de l'amidon en sucre, la diminution de l'acidité, la disparition des pigments verts et l'apparition de la couleur du fruit mûr, du parfum et du goût caractéristiques de la mangue. Il y aussi la formation d'assises de tissus liégeux au point d'abscission entre le pédoncule du fruit et l'axe de la panicule florale, qui arrête les apports de sève et prépare le fruit à la séparation.

2.1.2. Propriétés et usages

Les différentes parties du manguier présentent des usages divers et sont utilisées par l'homme depuis plus de 4000 ans. Les fleurs, les feuilles, les fruits, l'écorce, les noyaux ainsi que les racines du manguier sont largement utilisés en pharmacopée pour soigner de nombreuses maladies et affections. Le bois du manguier peut être utilisé comme source d'énergie et l'arbre est par ailleurs utilisé pour l'ombrage et l'embellissement (Arbonnier, 2000).

Pour ce qui est des fruits qui constituent l'objet de la culture du manguier, ils présentent de nombreux usages. Selon Vayssières et al. (2008), le manguier peut être considéré comme une culture vivrière en Afrique tropicale à cause du rôle très important qu'il joue dans l'alimentation des populations surtout rurales. Les mangues sont consommées vertes ou mûres pour leurs propriétés nutritionnelles et sont internationalement commercialisées. Elles sont utilisées vertes pour la fabrication de condiments comme les « chutneys » et les « pickles » très connus en Afrique australe et en Inde (de Laroussilhe, 1980). Les fruits mûrs quant à eux sont utilisés comme desserts, sorbets ou entrent dans la préparation de boissons et confitures. Du point de vue nutritionnel, la mangue contient des acides aminés, des hydrates de carbone, des acides organiques, des protéines, et des vitamines (Mukhherjee, 1997). La teneur moyenne des différents éléments constitutifs de la pulpe de mangue ainsi que sa valeur nutritive sont présentées dans le tableau 1 ci-dessous.

Tableau 1 : Composition de la pulpe de mangue

Constituent	Amount in 100 g fresh pulp
Water	81.7 g
Energy	65 kcal (272 kj)
Protein	0.51 g
Fats	0.27 g
Carbohydrates	17.00 g
Total dietary fiber	1.8 g
Ash	0.50 g
Minerals	
calcium	10 mg
iron	0.13 mg
magnesium	9.0 mg
phosphorus	11 mg
potassium	156 mg
sodium	2 mg
zinc	0.04 mg
copper	0.11 mg
manganese	0.027 mg
selenium	0.6 mcg
Vitamins	
vitamin C (total ascorbic acid)	27.2 mg
thiamine	0.056 mg
riboflavin	0.57 mg
niacin	0.584 mg
pantothenic acid	0.16 mg
vitamin B_6	0.160 mg
total folate	14 mcg
vitamin A, IU	3894 IU
vitamin A, RE	389 mcg_RE
vitamin E	1.120 mg_ATE
tocopherols, alpha	1.12 mg
Lipids	
total saturated fatty acids	0.066 g
total monounsaturated fatty acids	0.101 g
total poly unsaturated fatty acids	0.051 g
cholesterol	0.00 mg
Amino acids	
Tryptophan	0.008 g
Threonine	0.019 g
Isoleucine	0.018 g
Leucine	0.031 g
Lysine	0.041 g
Methionine	0.005 g
Phenylalanine	0.017 g
Tyrosine	0.01 g
Valine	0.026 g
Arginine	0.019 g
Histidine	0.012 g
Alanine	0.051 g
Aspartic acid	0.042 g
Glutamic acid	0.06 g
Glycine	0.021 g
Proline	0.018 g
Serine	0.022 g

Source : USDA, Nutrient Database for Stanadrd Référence, 2001 in Djioua (2010)

2.1.3. Production et commercialisation de la mangue

2.1.3.1. Sur le plan international

Quatre-vingt pays tropicaux et subtropicaux à travers le monde, sont producteurs de mangue. Elle était classée en 2004 au sixième rang des fruits les plus produits au monde après la banane, le raisin, l'orange, la pomme, et la banane plantain avec une production annuelle estimée cette année à 26,3 millions de tonnes. Cette production a connu une augmentation avec l'Inde comme premier pays producteur au monde avec 13 649 400 Tonnes suivie par la chine 3 976 716 Tonnes et l'Indonésie 2 013 123 Tonnes. Le Mexique est le premier producteur d'Amérique avec 1 855 359 Tonnes et le Nigéria avec 734 000 Tonnes est le premier pays africain producteur de mangues (CIRAD, 2010).

Sur le plan commercial, la mangue occupe la deuxième place dans le commerce international des fruits tropicaux, tant en quantité qu'en valeur. Les recettes d'exportation des mangues fraîches et transformées ont atteint près de 400 millions de dollars US en 1996. Le volume des exportations de mangues fraîches a dépassé 400 000 tonnes, soit 24 pour cent du tonnage de l'ensemble des fruits tropicaux frais faisant l'objet d'un commerce international.

2.1.3.2. Au Burkina Faso

Le manguier a été introduit au Burkina Faso pendant la période coloniale il y'a de cela une centaine d'années environ (Sawadogo et al., 2001). Très peu de statistiques existent sur sa production. Selon Diallo (2010), le manguier constitue la principale culture fruitière du Burkina Faso où il occupe 13 500 ha soit 58% de la superficie du verger national. Sa production annuelle est estimée à 160 000 tonnes soit 55,80 % de la production fruitière du pays. La filière organisée autour de cette culture occupe près de 15000 exploitants et fait fonctionner une soixantaine d'unités de transformation dont une industrielle de production de pulpe et de jus de mangue (Dafani SA.). En 2009, le Burkina-Faso se positionnait à la 4ème place des pays Ouest-Africain exportateurs de mangues fraîches sur le marché européen après la Côte d'Ivoire, le Sénégal et le Mali avec 2040 tonnes exportées. Pour ce qui est des produits transformés, le Burkina Faso occupait toujours en 2009, le 1er rang des pays de la sous-région exportateurs de mangues séchées avec un créneau particulier, l'exploitation des marchés bio-équitables. Environ 200 Tonnes de mangues séchées ont été exportées cette année rapportant 2,5 milliards de Francs CFA (environ 3 810 976 euros) alors qu'en 2007, 600 Tonnes ont rapportés 7 milliards de F. CFA (environ 10 670 732 euros) (Apromab, 2010).

2.1.4. Ravageurs du manguier

A l'image des autres plantes, le manguier est soumis à diverses agressions et perturbations qui peuvent concerner les différentes parties de la plante (racines, tronc, branches, feuilles, fleurs et fruits) et affecter négativement la croissance et le développement de l'arbre ainsi que sa fructification. Ces agressions et perturbations peuvent être le fait d'agents pathogènes qui causent des maladies (surtout des champignons et des bactéries), d'insectes et d'acariens ou autres organismes animaux phytophages qui occasionnent des dégâts. Certaines plantes parasites, des mauvaises herbes ainsi que les mauvaises conditions du milieu sont à l'origine de certaines perturbations. L'importance des dégâts occasionnés par les différents ravageurs varie d'une région à l'autre en fonction des conditions de l'environnement et des pratiques culturales.

Très souvent, des maladies causées par des micro-organismes pathogènes et des dégâts d'insectes ravageurs sont signalés sur le manguier. Les plus couramment rencontrés dans ces deux groupes sont présentés dans les paragraphes qui suivent.

2.1.4.1. Les maladies

❖ *L'anthracnose*

Causée par un champignon de la classe des Ascomycètes *Colletotrichum gloesporoïdes*, forme conidienne de *Glomerella cingulata*, cette maladie est présente dans les régions chaudes et humides des zones tropicales et subtropicales. Ce champignon se développe sur de nombreux hôtes autres que le manguier (papayer, bananier, agrumes, tomate, anonacées) (Ragazzi, 1991). Suivant l'organe attaqué, les symptômes de la maladie varient.

Sur les jeunes feuilles, cette maladie se manifeste par de petites taches brunes à contours irréguliers pouvant s'agrandir et se joindre en temps humide. Sur les feuilles âgées, elle provoque des taches circulaires plus ou moins anguleuses. Des nécroses noires apparaissent sur les brindilles qui se dessèchent de l'extrémité vers la base avec le noircissement et la mort du rameau. Sur les inflorescences, on note l'apparition de minuscules points bruns ou noirs qui s'élargissent et se réunissent pour causer la mort des fleurs. Sur les fruits, les attaques ont lieu à différents stades et se manifestent par des taches noires de tailles et de formes variées ou par des « coulées de larmes ». L'infection peut à maturité pénétrer profondément dans le fruit et causer sa pourriture sur l'arbre ou en cours de stockage. Pour le contrôle de cette maladie, la voie chimique reste la plus développée. L'élimination et la destruction des organes attaqués constituent une voie pour abaisser le niveau d'inoculum. L'abandon des variétés trop sensibles permet la réduction des traitements (de Larousillhe, 1980).

❖ *La maladie des taches noires du manguier*

Cette maladie d'origine bactérienne est causée par *Xanthomonas citri* pv. mangiferaeindicae classé comme agent de quarantaine dans le bassin Méditerranéen où elle est absente. Elle est aussi absente des bassins de production américains mais présente dans les autres zones de production de la mangue. Elle attaque les différents organes aériens de la plante provoquant respectivement des taches noires avec un aspect de croûte ou des chancres liégeux sur les feuilles et les fruits de manguier mais aussi des agrumes. Des chancres sur rameaux et troncs peuvent aussi être observés. En cas d'attaques sévères on assiste à la chute des feuilles et des fruits. Cette maladie se répand en saison des pluies avec la dissémination naturelle des bactéries par la pluie et le vent qui occasionne de nouvelles infections. A longue distance, sa dissémination est associée aux activités humaines par le transport de matériel végétal infecté. La lutte contre cette maladie est très difficile en vergers. Les méthodes prophylactiques (taille des organes atteints) sont indispensables mais on peut protéger les arbres et les fruits à l'aide de produits de contact à base de cuivre dont l'efficacité est assez douteuse. La prévention consiste à éviter que la maladie soit introduite dans le pays. Lorsqu'elle est détectée peu après son introduction, doit viser à l'éradiquer dans la zone atteinte. Cela constitue la seule méthode vraiment efficace (de Bruno Austin *et al.* 2010).

2.1.4.2. Les insectes ravageurs

❖ *Les Termites*

Ces insectes qui appartiennent à l'ordre des Isoptères et à la famille des Termitidae sont considérés par de Laroussilhe (1980) comme ravageurs secondaires du manguier. Certaines espèces peuvent être néanmoins considérées comme ravageurs primaires du manguier (Rouland-Lefèvre, 2010). Polyphages, ils s'attaquent à de nombreuses plantes aussi bien annuelles que pérennes. Sur manguier, les attaques des termites s'observent aussi bien sur racines, tronc et branches des arbres déficients mais aussi sur les jeunes arbres. Sur des arbres adultes et sains, ils peuvent ronger l'écorce en confectionnant des galeries en terre sur les troncs qui les protègent de la lumière. Contre ces ravageurs, la lutte chimique par application d'insecticides de contact (sans possibilité d'éradication) associée à la surveillance et à la destruction des galeries sont des méthodes proposées par de Laroussilhe (1980).

❖ **Les Cochenilles**

De nombreuses espèces s'attaquent au manguier dans les régions où il est cultivé. Selon Singh cité par de Laroussilhe (1980), on dénombre 63 espèces appartenant à 30 genres. Certaines sont limitées à des aires restreintes tandis que d'autres sont cosmopolites. Germain *et al.* (2010) a recensé 12 espèces de cochenilles sur le manguier dans les vergers de la zone soudanienne du Bénin. La dispersion dans le monde de certaines espèces polyphages a été facilitée par les expéditions de matériel végétal. Ces insectes qui se nourrissent de la sève des arbres provoquent leur affaiblissement suivant l'importance de la colonie qui peut se retrouver sur les jeunes rameaux, les jeunes branches, les feuilles, les inflorescences et /ou les fruits. Certaines espèces par leurs sécrétions ou leur présence sur le fruit déprécient sa qualité. Selon de Laroussilhe (1980), les cochenilles sont des ravageurs principaux du manguier et les espèces qui l'infestent appartiennent aux genres *Aonidiella, Aspidiotus, Ceroplastes, Chrysomphalus, Cocccus, Eucalymnatus, Icerya, Lecanium, Parlatoria, Phenacoccus, Pseudococcus* et *Saissetia*. La cochenille farineuse du manguier *Rastrococcus invadens* Williams (Homoptera : Pseudococcidae) infeste les manguiers dans différents pays d'Afrique de l'Ouest et constitue une menace pour le verger burkinabé (Dabiré, 2001). La lutte chimique contre ces ravageurs du manguier a été développée ainsi que la lutte biologique contre la cochenille farineuse *Rastrococcus invadens* avec l'utilisation des ennemis naturels de ce ravageur tels que *Gyranusoïdea tebigy* Noyes, *Anagyrus mangicola* Noyes (Hymenoptera : Encyrtidae) (Dabire, 2002 ; Hala *et al.* 2004).

❖ **Les mouches de fruits**

Leur présentation sera faite dans le chapître suivant

2.2. LES MOUCHES DES FRUITS

2.2.1. Systématique

Classe : Insectes ;

Ordre : Diptères ;

Sous ordre : Brachycères ;

Infra ordre : Muscomorpha (Cyclorrhapha) ;

Section (Division) : Schizophora ;

Super famille : Tephritoidea ;

Famille : Tephritidae ;

Selon les classifications de Korneyev (1999), Norrbom *et al.* (1999) citées par Norrbom (2004), la famille des Tephritidae comporte 6 sous familles et 27 tribus. Il s'agit pour les sous familles des : Blepharoneurinae, Dacinae, Phytalmiinae, Tachiniscinae, Tephritinae et Trypetinae. En décembre 2003, 4448 espèces de mouches des fruits réparties dans 484 genres étaient identifiées à travers le monde. La sous famille des Dacinae avec la tribu des Ceratidini et celle des Dacini comporte de nombreuses espèces de mouches des fruits, dont certaines ont été signalées en Afrique de l'Ouest (Vayssières *et al.*, 2005).

La tribu des Ceratidini, comprend 167 espèces dont 152 afro-tropicales réparties dans 12 genres dont 9 afro-tropicales (Norrbom, 2004). Elle comporte le genre *Ceratitis* signalé en Afrique de l'Ouest (Vayssières et Kalabane, 2000 ; Vayssières et *al.*, 2003) et au Burkina Faso par Lafleur (1995). Le genre *Ceratitis* qui compte 78 espèces, toutes afro-tropicales, comporte plusieurs sous-genres selon les classifications de Korneyev (1999) ; Norrbom et al. (1999) citées par Norrbom (2004) qui sont :

- *Acropteromma* avec 1 espèce afro-tropicale
- *Ceratalaspis* avec 34 espèces toutes afro-tropicales,
- *Ceratitis* avec 8 espèces toutes afro-tropicales ;
- *Hoplolophomyia* avec 1 espèce afro-tropicale ;
- *Pardalaspis* avec 10 espèces toutes afro-tropicales ;
- *Pterandrus* avec 24 espèces toutes afro-tropicales

La tribu des Dacini quant à elle compte 765 espèces, dont 184 sont afro-tropicales avec 3 genres dont 2 sont afro-tropicales. Le genre *Bactrocera* qui compte 29 sous-genres et 520 espèces, dont 12 afro-tropicales (Norrbom, 2004) a été signalé sur la mangue récemment en Afrique de l'Ouest par Vayssières *et al.* (2005).

2.2.2. Biologie et écologie

2.2.2.1. Biologie

La biologie et la durée de développement des mouches des fruits dépendent de la température, de l'humidité relative du milieu et des hôtes. Pour la plupart de ces espèces de cératites, le cycle de vie est similaire et se déroule sans diapause selon le schéma suivant à 25°C et 75% d'Humidité Relative : les œufs déposés par les femelles sur la plante hôte éclosent au bout de 2-3 Jours. A l'éclosion des oeufs, 3 stades larvaires se succèdent et durent 5-15 Jours avant de se transformer en pupes (8-12 Jours). Les adultes émergés peuvent vivre 40-90 Jours (Vayssières *et al.*, 2008 c).

L'émergence des adultes est suivie d'une période de maturation de plusieurs jours au bout de laquelle ils deviennent sexuellement actifs 3-4 jours après émergence des pupes pour les mâles et environ 6-8 jours après pour les femelles adultes (Vayssières *et al.*, 2008 c). Les mâles peuvent s'accoupler fréquemment, tandis que les femelles deviennent sexuellement non réceptives pour plusieurs semaines après l'accouplement (Bateman, et al. 1976 ; Fay et al., 1983 ; Tzanakakis et al., 1968).

Les adultes de certaines espèces la sous-famille des Dacinae sont en mesure de passer les périodes défavorables de l'année en diapause facultative. Au cours de cette diapause facultative, les adultes se réfugient dans des endroits favorables et demeurent dans une phase d'immaturité sexuelle (Fitt, 1981 a ; Hancock, 1985 ; Syed, 1968). La figure 1 présente une représentation du cycle de développement des Tephritidae carpophages proposée par CTA (2007).

Les adultes des mouches des fruits se nourrissent régulièrement d'hydrates de carbone et d'eau pour survivre. Pour assurer la maturation des œufs, les femelles ont besoin de protéines, qu'elles recherchent pour compléter leur alimentation (Bateman, 1972 ; Christenson et Foote, 1960). Les adultes nouvellement émergés possèdent des réserves issues de la phase larvaire qui leur permettent de survivre 1 à 2 jours. Selon le comportement alimentaire, on rencontre des espèces monophages, sténophages, oligophages ou polyphages. Toutes les espèces polyphages et oligophages sont multivoltines, tout comme la majorité des espèces sténophages et monophages.

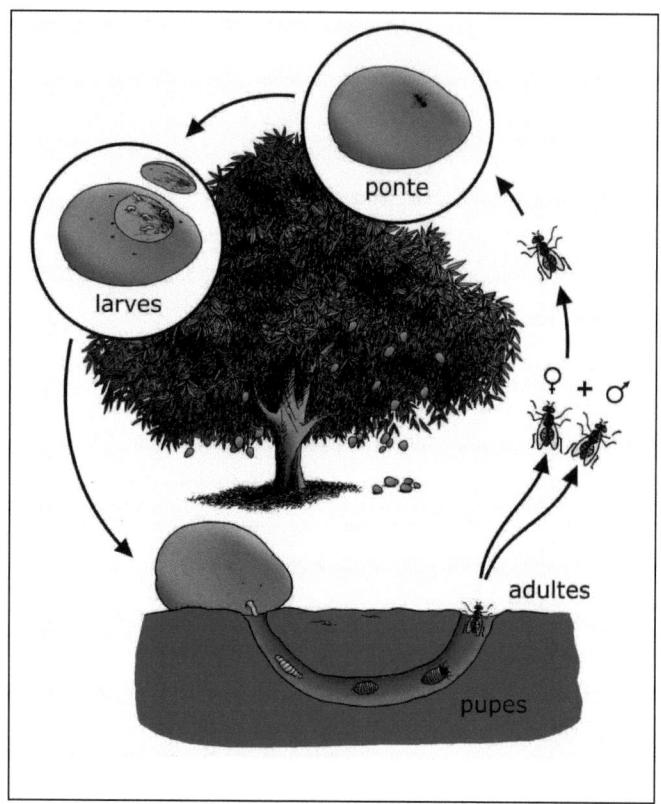

Figure 1: Cycle de développement des espèces de Tephritidae carpophages (CTA, 2007)

2.2.2.2. Ecologie

Plusieurs facteurs, aussi bien biologiques qu'environnementaux, peuvent influencer la distribution spatio-temporelle des populations de mouches des fruits. Ils affectent directement ou indirectement les taux de survie et de développement des différentes phases du cycle et la fécondité des femelles. Parmi ces facteurs, les plus importants sont la température, l'humidité (facteurs abiotiques) et la disponibilité des ressources alimentaires (plantes hôtes). Les ennemis naturels et la compétition inter et intra spécifique peuvent aussi être importants dans certaines circonstances.

❖ *L'humidité*

Selon Bateman (1972), l'humidité de l'environnement à une influence particulièrement importante dans l'abondance de nombreuse espèces de Tephritidae. La distribution de *Bactrocera cucurbitae* (Coquillett) en Inde est largement déterminée par l'humidité. Ses populations augmentent quand les précipitations sont suffisantes et se réduisent durant les périodes sèches (Nishida, 1963). Après 7 années de suivi, il est ressorti une corrélation hautement significative entre la quantité d'humidité mesurée à travers les précipitations en été et l'importance des pics atteints chaque année par les populations de *Dacus tryoni* (Froggatt) (Bateman, 1968). L'humidité agit sur l'abondance des populations de Tephritidae à travers la réduction de la fécondité des adultes femelles en période sèche et par la forte mortalité des adultes nouvellement émergés dans des conditions sèches (sol sec et atmosphère à faible humidité relative). Neilson (1964) a testé l'hypothèse selon laquelle les populations de *Rhagoletis pomonella* (Walsh) peu communes à Nova Scotia pendant la période sèche de l'été qu'en période humide étaient dues à la dessication des pupes dans les sols secs. Il a ainsi montré que le taux de survie des pupes dans des conditions d'humidité inférieure ou égale à 60% était virtuellement nul. La survie des pupes de la mouche des fruits du Mexique (*Anastrepha ludens* (Loew)) est fortement réduite par une faible humidité du substrat dans lequel elles se développent tout comme le poids des adultes qui en sont issus. Ces effets ont des conséquences directes sur l'importance des populations adultes de cette espèce pendant les années sèches et dans les régions sèches selon Baker (1964). La longévité des adultes de la mouche des noix *Rhagoletis completa* Cresson, en cage, est considérablement réduite dans des conditions de faible humidité relative. Selon Smith, 1960, *Rhagoletis lycopersella* Smyth est une espèce endémique des plaines sèches de l'Ouest du Pérou qui s'est adaptée aux conditions de vie dans des milieux arides en évitant l'exposition aux conditions sèches en retardant de près de 8 mois l'émergence des adultes. Il a des pupes résistantes à la dessiccation et les précipitations entraînent des vagues d'éclosion des adultes. Les stades du cycle de vie des Tephritidae qui apparaissent le plus sensibles à la dessiccation sont les larves matures (entre la sortie du fruit et la pupaison) et les adultes nouvellement émergés. Les précipitations ont induit des modifications du comportement de ces deux formes. Elles stimulent l'émergence de larves matures des fruits chez *A. ludens* et *D. tryoni* et induisent une augmentation du taux d'émergence d'adultes chez *R. pomo-*

nella (Bateman, 1972). Dans certains cas, la sécheresse semble ne pas être un facteur déterminant. Newell et Haramoto (1968) ne l'incluent pas parmi les 7 principaux facteurs de mortalité affectant les larves et pupes chez *Dacus invadens* à Hawaii.

❖ *La température*

Elle a un rôle déterminant dans l'abondance des Tephritidae tout comme chez l'ensemble des poïkilothermes chez qui elle agit soit directement ou indirectement à travers ses effets sur les taux de développement, de mortalité et de fécondité. Les taux de croissance et de décroissance de ces populations dépendent des valeurs de ce facteur climatique qui les influencent de diverses manières en agissant aussi bien sur les individus de la population que sur leur mode de vie. Elle a un rôle important dans la détermination du taux de développement et est ainsi largement responsable de l'évolution des processus de développement de la population et de leur synchronisation avec les changements de l'environnement.

Dans la plupart des cas dans le monde, les mouches des fruits ont une abondance saisonnière avec des populations élevées en été et faibles en hiver. Chez les espèces univoltines, l'oviposition est généralement réduite à quelques semaines en été, mais pour la plupart des espèces tropicales multivoltines, elle s'étale du début du printemps (pleine saison sèche) jusqu'à à tard en automne (début de la saison sèche après l'hivernage dans la zone d'étude) toute les fois que des fruits convenables de plantes hôtes sont disponibles. Ces espèces multivoltines peuvent produire jusqu'à 6 générations chevauchantes au cours d'une seule saison. Généralement, leur nombre augmente pour atteindre un pic, tard en été (saison humide) ou au début de l'automne (fin de l'hivernage) et de là il décroît rapidement (Bateman, 1972). Même dans les zones tropicales comme Hawaii où les différences entre l'été et l'hiver sont relativement faibles, il y a une gamme de période d'abondance (Bess et Haramoto, 1961 ; Haramoto, 1970) mais cela est beaucoup plus dû à la disponibilité de plantes hôtes qu'à l'effet direct de la température. Généralement, le développement des stades immatures des Tephritidae se situe entre 10°C et 30°C. Cependant, des pupes post-diapausantes de certaines espèces tempérées peuvent se développer à des températures plus basses comme 5°C selon Boller, 1964 cité par Bateman, (1972). Quelques heures d'exposition à 45°C semblent être la limite supérieure quelque soit les stades de développement mais la plus basse température limite semble indéfinie. Les pupes des espèces tempérées peuvent être exposées au champ à des températures aussi basses que -12°C apparemment sans dommages (Leski, 1969).

La fécondité des mouches des fruits dépend aussi de la température avec le maximum de production d'œufs dans la gamme de température comprise entre 25 et 30°C. Pour l'oviposition, le seuil descend cependant entre 9°C et 16°C pour différentes espèces. La limite supérieure ne semble pas claire mais au champ, l'oviposition est plus faible pendant les périodes les plus chaudes de la journée (Nishida et Bess, 1957).

Selon Bateman, 1972, la plupart des espèces de mouches des fruits tempérées hivernent sous la forme de pupes diapausantes. Les larves s'enfoncent dans le sol aussitôt après leur sortie du fruit en fin d'été ou pendant l'automne, et se transforment en pupes au bout de quelques jours puis restent en diapause jusqu'au prochain automne. Quelques individus restent en diapause pour une année ou pour plusieurs années. Chez la plupart des espèces tropicales, l'hivernation est généralement accomplie par les adultes. Ils tendent à se rassembler dans des zones refuges qui disposent de ressources alimentaires. Ces groupes d'hivernation forment souvent des populations assez stables à cause du taux de naissance nul, du faible taux de mortalité et de l'inhibition des mouvements par les faibles températures. Des rassemblements constitués de près de 800 individus de différentes espèces appelés « leks » ont été décrits. Ils sont généralement restreints à des gammes de plantes à feuilles persistantes comme les Citrus ou le bananier ou d'autres plantes favorables. Ils peuvent devenir assez actifs pour se nourrir pendant les heures chaudes de la journée mais tendent à retourner dans les mêmes abris dès que les températures chutent.

❖ *La lumière*

Elle joue un rôle déterminant dans la détermination de la fécondité des mouches des fruits mais a moins d'effet direct sur le taux de développement et de mortalité. Elle affecte premièrement l'activité générale des adultes femelles particulièrement l'alimentation et l'oviposition. Par son rôle déterminant dans la synchronisation du comportement d'accouplement, la lumière affecte aussi la fécondité. Pour de nombreux Tephritidae, la baisse de la luminosité au crépuscule agit comme un stimulus pour l'initiation de l'activité sexuelle Chez les espèces tempérées, le temps d'accouplement reste défini de façon moins précise (Roan, Flitters et Davis, 1954).

❖ *Les ressources alimentaires*

L'alimentation joue un rôle important dans le développement des populations et des individus pour les mouches des fruits. Selon Bateman (1972), les travaux de la recherche se sont focalisés à un moment donné sur le développement de milieu nutritif pour l'élevage de larves de mouches des fruits au laboratoire. La plupart des milieux développés contient des substances nutritives telles que les levures ou des poudres issues de produits de plantes. Il n'y a pas de larves de mouches des fruits élevées à partir de milieu nutritionnel synthétique. Ainsi, leurs exigences nutritionnelles précises n'ont pu être déterminées. Dans les fruits qu'ils infestent, l'action de la microflore intra et extra intestinale des larves sur le substrat alimentaire produit les substances essentielles pour leur croissance. La nutrition des larves peut influencer la longévité et la fécondité des adultes qui en résulteront. Des adultes de *Ceratitis capitata* (Wiedemann) élevés sur des pêches, du kaki, des cactus vivent plus longtemps que ceux élevés à partir de figues ou des poires ou sur du milieu artificiel d'élevage. Des larves de *Rhagolettis pomonella* élevées au laboratoire et se développent aussi bien que celles élevées à partir de pommes mais leurs adultes présentent de sérieuses déficiences du point de vue du comportement et de la fécondité.

Chez les adultes, de nombreuses informations existent sur les besoins nutritionnels. Toutes les espèces ont besoin d'hydrates de carbone comme source d'énergie et d'eau pour survivre. En plus, la plupart des espèces a besoin d'une diversité de substances nutritives y compris des substances protéiniques pour atteindre la maturité sexuelle. Des milieux nutritifs synthétiques pour adultes ont été développés pour diverses espèces dont certains basés sur la composition chimique du miellat du puceron du pommier (*Aphis pomi*). Le miellat de cochenilles est également considéré comme une source de nourriture des mouches des fruits dans la nature (Neilson, 1966, Yasamatsu et Nagatomi, 1959). Les adultes de mouches des fruits ont été observés s'alimentant sur une diversité de produits naturels incluant les jus et tissus de fruits blessés ou en décomposition, la sève des plantes, le nectar des fleurs et les fèces d'oiseaux. Pour beaucoup d'espèces d'insectes, la quantité de nourriture disponible est le facteur d'abondance le plus déterminant. Chez les mouches des fruits, il y indiscutablement une relation entre la quantité de nourriture disponible pour les larves et la population locale d'adultes ainsi que le taux de production de nouveaux individus (Bateman et Sonleitner, 1967 ; Newell et Haramoto, 1968). La possibilité de rupture de nourriture pour les adultes peut influencer leur nombre selon Bateman (1972).

❖ **Les ennemis naturels**

- Les parasitoïdes

Kapoor et Agarwal, (1983) ainsi que Wharton et Gilstrap, (1983) rapportent que les larves de la plupart des Dacinae sont attaquées par les hyménoptères parasites, particulièrement de la famille des Braconidae. Les parasites des œufs et des pupes ont été aussi enregistrés chez certaines espèces, mais ils surviennent habituellement en faible nombre et ont un impact réduit sur les populations endémiques. Newell et Haramoto (1968) ainsi que Wong *et al.* (1984), notent cependant que, *Opius oophilus* à Hawaï a causé une forte mortalité des œufs de *Dacus invadens*. En Afrique, 6 espèces de parasitoïdes des mouches des fruits inféodées à différentes plantes hôtes ont été identifiées au cours d'une étude préliminaire au Bénin par Vayssières *et al.* (2010 a). Il s'agit de *Fopius caudatus* (Szépligeti), *Psyttalia cosyrae* (Wilkinson), *P. perproxima* (Silvestri), *Diachasmimorpha fullawayi* (Silvestri), *Tetrastichus giffardianus* (Silvestri) et *Pachycrepoideus vindemmiae* (Rondani). Le taux de parasitisme de noté au cours de cette étude était de 7,7%, et *C. cosyra* était l'espèce la plus parasitée tandisque *B. invadens* l'était rarement.

- Les prédateurs

D'autres insectes sont des prédateurs des mouches des fruits. Les plus importants sont les fourmis qui déplacent les larves et les pupes des fruits et du sol (Bateman *et al.* 1976 ; Bigler, 1982 ; Kapatos et Fletcher, 1986). Ainsi en Afrique de l'Ouest, plusieurs travaux ont mis en valeur la prédation des fourmis oecophylles (*Oecophylla longinoda* Latreille) sur les larves de Tephritidae (Vayssières et Sinzogan, 2008 a) ainsi que les réactions de répulsion déclenchées par ces oecophylles sur la ponte des femelles de mouches des fruits (Adandonon *et al*, 2009 ; Van Mele *et al*, 2009). Des perce oreilles ont été observés déplaçant les larves de *Dacus ciliatus* (Syed, 1969) et *Dacus musae* (Smith, 1977) des fruits. Les Staphylinidae et les Carabidae consomment les larves et les pupes dans le sol (Bateman *et al.*, 1976), et les araignées capturent certains adultes (Fletcher, 1979).

- **Les microorganismes pathogènes**

Ils incluent les champignons et les bactéries et sont souvent associés à la mortalité des larves et des pupes, bien que Fletcher (1987) affirme qu'il n'est pas toujours possible de déterminer si l'infection est la cause de la mortalité.

❖ *La compétition intra spécifique*

Elle peut aussi limiter ou réduire le niveau de la population quand une espèce devient abondante en relation avec ses ressources. L'interaction la plus évidente de la compétition chez les Dacinae intervient entre les femelles (Pritchard, 1969). Leur agression peut réduire la fécondité par la réduction du nombre d'œufs déposés et éventuellement amener les femelles à se disperser. Les interactions entre femelles sont cependant relativement peu fréquentes, excepté dans les cas de forte populations. A l'inverse, la compétition entre larves dans le fruit est plus fréquente et importante pour les espèces de mouches des fruits.

Au cours du développement, les larves creusent des galeries dans le fruit, décomposent les tissus et ingèrent ceux qui sont détruits. Dans les fruits de grande taille, elles se déplacent vers le centre du fruit qui leur offrira une certaine protection contre les parasites et certains prédateurs. Une fois à maturité, les larves de la plupart des espèces quittent le fruit et s'enterrent plusieurs centimètres dans le sol et y pupent (Fitt, 1981 b ; Neuenschwander *et al.*1981).

2.2.2.3. Ethologie

Les Tephritidae de la sous famille des Dacinae sont en général actives le jour et au repos la nuit sur la face inférieure des feuilles des plantes hôtes ou d'autres plantes. La période d'activité peut être subdivisée en quatre types fonctionnels qui sont l'alimentation, l'accouplement, l'oviposition et la dispersion. La durée de chaque type d'activité dépend de plusieurs facteurs, incluant l'âge, le sexe, la disponibilité de l'hôte et les conditions climatiques (Fletcher, 1987).

❖ *Attraction*

Certains Dacini sont fortement attirées par les surfaces jaunes. (Bateman *et al.*, 1976 ; Hill et Hooper, 1984). Selon Prokopy (1977) certains Tephritidae déposent une phéromone répulsive sur le fruit après la ponte. De nos jours, de puissants attractifs chimiques des mâles de Tephritidae ont été développés. La mise au point de l'utilisation des hydrolysats de protéine comme attractifs des mâles et femelles de la plupart de ces espèces a été une avancée sur la recherche concernant les attractifs des Tephritidae (Bateman, 1972). La plupart des attractifs chimiques active les mécanismes nerveux contrôlant l'activité sexuelle comme le font les phéromones naturelles de ces espèces (Féron, 1962). Des substances attractives des Tephritidae ont été mises en évidence sur certaines plantes. C'est le cas du méthyl eugénol puissant attractif de nombreuses espèces retrouvé dans les fleurs de *Cassia fistula*. Kawano, Mitchell et Matsumoto (1968) ont observé des adultes de *D. invadens* visitant régulièrement cette plante. Oatman, (1967) et Prokopy (1968 a et b) montrent que la couleur, la forme et la taille de certains objets sont extrêmement attractifs pour les individus des 2 sexes de *R. pomolena*. Il montre aussi que les grands objets sont d'autant plus attractifs qu'ils sont de couleur jaune alors que les petits objets sont plus attractifs quand ils sont rouges ou sombrement colorés et de forme sphérique. Il estime que les mouches sont attirées par les grands objets jaunes parce qu'ils assimilent la couleur et le feuillage où elles devraient trouver de la nourriture. Les petits objets sombres et sphériques sont assimilés aux fruits où elles peuvent s'accoupler ou pondre. Kring (1970) confirme les résultats de Prokopy et montre que la combinaison d'une sphère rouge et d'un panneau jaune est plus attractive que le panneau seul.

❖ *Mouvements*

Les mouches des fruits de façon générale montrent une diversité de motifs de mouvements quotidiens entre les hôtes et la végétation environnante. Quand les plantes hôtes sont abondantes dans la zone, les mouches des fruits sexuellement mures tendent à réduire leurs mouvements aux vols de prospection pour la recherche de la nourriture, de l'eau et des sites d'oviposition (Bateman, 1972). Elles peuvent se disperser quand les fruits convenables deviennent rares en fin de la saison (Economopoulos, *et al.* 1978 ; Fletcher et Economopoulos, 1976 ; Fletcher et Kapatos, 1981). Les espèces polyphages, multivoltines tropicales et subtropicales, sont d'excellents voiliers et ont une forte mobilité. La distance maximale enregistrée pour des individus marqués sont de 200km pour *Bactrocera cucurbitae* (Miyahara et Kawai, 1979), 65km pour *Bactrocera invadens* (Steiner et Baumliover, 1962), 90km pour *Dacus tryoni* (MacFarlane *et al.*, 1986) et 40km pour *Bactrocera zonatus* (Qureshi, 1975).

Quand la température s'élève au-dessus de 35°C, les adultes de *D. zonatus* et de *D. oleae* ont été observés quittant les arbres et convergeant vers les sous bois (Syed, 1968 ; Fletcher, 1987). Au cours des périodes froides de l'année, lorsque les conditions ne sont plus favorables, les individus de nombreuses espèces recherchent des refuges où ils se maintiennent jusqu'au retour des conditions plus chaudes. Selon Fletcher (1987), avant la pupaison dans le fruit, les larves matures creusent des galeries à la surface du fruit laissant ouverte la mince membrane extérieure du péricarpe de sorte qu'en émergeant, l'adulte s'échappe du fruit.

❖ *Oviposition*

Des mécanismes aussi bien olfactifs que visuels sont impliqués dans la reconnaissance et la localisation par les femelles gravides des Tephritidae des fruits qui conviennent pour l'oviposition. Une fois que le fruit indiqué a été repéré, la femelle explore systématiquement le fruit entièrement avant de déterminer le point d'oviposition. Les facteurs influençant le choix du site de ponte ont été étudiés chez *R. cerasi* et *D. tryoni*. Les femelles de *D. tryoni*, choisissent le coté sous les vents du fruit, à l'ombre. Elles pondent sur les parties molles plutôt que sur les parties dures et sur les peaux rugueuses. Elles ont tendance à pondre dans les discontinuités des fruits (craquelure, ouverture faite par les oiseaux et autres insectes) et particulièrement les anciens trous d'oviposition forés par des femelles. Cette situation a été observée chez de nombreuses espèces (Bateman, 1972).

2.2.3. Incidence économique des Tephritidae

Les Tephritidae sont des insectes phytophages dont les larves endophytes se développent à l'intérieur des tissus végétaux en leur occasionnant ainsi des dégâts. Parmi les 4400 espèces connues à travers le monde, près de 200 sont considérées comme déprédatrices des cultures. Les fruits infestés par les mouches des fruits peuvent présenter des traces des piqûres de ponte qui souvent sont difficiles à détecter pour des infestations récentes. L'évolution des larves dans les fruits provoque leur pourriture et leur chute de l'arbre. Les fruits peuvent être endommagés à l'intérieur et ce avant l'apparition de manifestations extérieures visibles.

Selon Norrbom (2004), les mouches des fruits sont parmi les ravageurs les plus importants en agriculture au monde. Elles occasionnent des pertes estimées à plusieurs milliards de dollars en provoquant des dégâts directs sur une grande diversité d'espèces fruitières, légumières et florales (citrus, pomme, mangue,...). Elles limitent le développement de l'agriculture dans de nombreux pays. Classées comme ravageurs de quarantaine, elles constituent un facteur limitant les exportations de fruits et légumes et accroissant leurs coûts à l'exportation du fait des traitements de désinfection appliqués.

2.2.4. Contrôle des dégâts des mouches des fruits au champ

Plusieurs méthodes de lutte contre les mouches des fruits dans les vergers de manguiers ont été développées. Les paragraphes qui suivent présentent les plus connues d'entre elles décrites par Vayssières *et al.* (2009 a)

2.2.4.1. Lutte chimique conventionnelle

La lutte chimique conventionnelle avec l'emploi d'insecticides à large spectre d'action tels le Diméthoate, le Malathion et le Méthidathion dans le cadre d'application en couverture totale, fut l'une des premières actions de lutte contre les mouches des fruits engagée. En plus des mouches des fruits, ces insecticides tuent d'autres insectes dont les auxiliaires dans la lutte biologique conférant à cette méthode de lutte un impact environnemental négatif. Aussi elle présente des coûts liés à l'acquisition et à l'application du produit élevés, pas toujours à la portée des petits producteurs particulièrement ceux d'Afrique. Les risques d'intoxication des producteurs et des consommateurs, ainsi que les faibles limites maximales de résidus des pesticides sur les produits agricoles fixés sur les marchés d'exportation sont autant de raisons qui ont réduit de nos jours, le champ d'application de la lutte chimique conventionnelle dans le contrôle des mouches des fruits.

2.2.4.2. Utilisation des appâts empoisonnés

Elle se base sur l'utilisation d'un mélange de substances alimentaires attractives variées avec un insecticide qui attire les mouches fruits qui viennent pour s'alimenter et se tuent en consommant l'appât empoisonné. L'application de ces substances se fait généralement sur une partie du verger ou de l'arbre. Le "Success Appat" (GF-120) de plus en plus diffusé est un cas particulier d'appât empoisonné où l'attractif alimentaire est mélangé avec un insecticide biologique. L'application de ces traitements par taches a donné des résultats très intéressants au Bénin (Vayssières *et al*, 2009 b) au niveau de la lutte contre *B. invadens* et *C. cosyra*.

2.2.4.3. Lutte prophylactique

Elle regroupe un ensemble de techniques qui permettent de détruire les stades préimaginaux de mouches de fruits qui se retrouvent dans les fruits piqués et/ou tombés qui constituent des foyers de réinfestation des cultures. Ainsi les récoltes sanitaires permettent l'assainissement des vergers à travers la collecte des fruits infestés et la destruction des œufs et larves qu'ils contiennent en les plaçant dans des sacs plastiques ou sous une bâche entreposés au soleil pendant quelques jours ou en les enfouissant profondément ou encore en les immergeant. En évitant la présence à proximité des cultures d'autres plantes hôtes abritant des mouches des fruits, le planteur renforce l'efficacité de ces mesures.

de Laroussilhe (1980), signale la pratique en Inde d'un travail régulier du sol sous les arbres et la pratique de cultures sur les sols très infestés de même que l'application d'insecticides au moment de l'irrigation pour détruire les larves et pupes dans le sol.

2.2.4.4. Technique d'annihilation des mâles (TAM ou "MAT")

Cette technique a pour but de réduire de façon importante, la population des mouches mâles afin d'empêcher toute reproduction et d'éradiquer l'espèce ciblée. Elle consiste à installer dans la zone à traiter de nombreux appâts constitués de blocs de bois trempés dans une mixture de para-phéromone et d'insecticide en vue d'attirer les mâles pour les tuer.

2.2.4.5. Lutte biologique

La lutte biologique est l'action exercée par certains parasites, prédateurs et pathogènes pour maintenir la population des ravageurs à des proportions acceptables. Ces organismes sont les ennemis naturels des ravageurs et sont naturellement inféodés à ces ravageurs dans leur biotope (Singh, 1982). Dans le cadre de la lutte contre les Tephritidae, différents organismes ont été et sont utilisés. Il s'agit des fourmis tisserandes (*Oecophylla longinoda*), de diverses espèces de parasitoïdes dont *Fopius arisanus*, de champignosn entomopathogènes (*Metarhizium spp*).

2.2.4.6. La lutte autocide

La technique de l'insecte stérile ("SIT") mise au point dans ce cadre consiste à élever en masse des mâles du ravageur-cible, qui seront stérilisés et lâchés dans la zone de lutte afin qu'ils s'accouplent avec des femelles sauvages qui pondront ensuite des œufs sans embryon non viables. L'application à grande échelle de cette technique est à envisager, pour éviter toute ré-invasion des ravageurs à partir de zones voisines infestées.

2.2.4.7. Les pratiques culturales

L'application de différentes techniques culturales permettent de réduire les dégâts de Tephritidae sur les productions agricoles. On peut retenir :

❖ *Ensachage des fruits*

Il consiste à établir une barrière autour du fruit pour empêcher qu'il ne soit piqué par les Tephritidae. Ils peuvent être ainsi placés dans des sacs en papiers avant qu'il n'atteigne le stade pré-maturité où ils sont susceptibles d'être le plus attractif.

❖ *Valorisation de cultivars moins attaqués :*

La valorisation des cultivars précoces permet d'éviter la coïncidence des périodes de maturation des fruits et d'abondance des mouches des fruits dans les parcelles de production.

❖ *Récoltes précoces*

Elles consistent à récolter des fruits au stade pré-maturité pour éviter de les garder dans les arbres au moment où pullulent les mouches des fruits.

2.2.4.8. Lutte intégrée (I. P. M.)

Elle consiste en une combinaison harmonieuse de plusieurs méthodes de lutte qui assure l'efficacité de chacune d'elle afin d'aboutir à un meilleur contrôle de ces ravageurs (Vayssières *et al*, 2009 a). Elle s'articule autour de l'étude de l'évolution de sa population, l'estimation des dégâts infligés aux cultures, la définition de son seuil économique de nuisibilité et une bonne connaissance de l'agrosystème concerné. La présente étude que nous conduisons vise à fournir les éléments nécessaires au développement de cette stratégie de lutte contre les mouches des fruits dans les vergers du Burkina Faso.

III. Matériels et méthodes

3.1. ZONE ET SITES D'ETUDE

3.1.1. localisation Des Sites D'etude

Les provinces de la Comoé dans la région administrative des Cascades et celles du Houet et du Kénédougou dans la région des Hauts Bassins, situées à l'Ouest du Burkina Faso ont constitué la zone de l'étude. Frontalière avec le Mali à l'Ouest et la Côte d'Ivoire au Sud, autres pays producteurs et exportateurs de mangues en Afrique de l'Ouest (Figures 2 et 3) la zone d'étude est la principale productrice de mangues du pays. Le manguier est un arbre très couramment rencontré dans cette zone qui fournit environ 75% de la production de mangues du pays (Guira et Zongo, 2006). Dans les agglomérations de cette zone, les manguiers présentent tout au long de l'année des stades phénologiques variés. Certaines de ces aggmolmérations constituent de véritables vergers sans discontinuité de parcelles. Dans les vergers, de cette zone les manguiers présentent des décalages de phénologie dans le temps selon les localités. Ainsi pour une même variété, la fructification du manguier est précoce dans le Houet et dans certaines localités de la Comoé, de pleine saison dans d'autres localités de la Comoé et tardive dans le Kénédougou.

Du point de vue climatique, l'aire géographique couverte par l'étude bénéficie d'un climat tropical du type soudanien (Lerebours et Ménager, 2005). Il se caractérise par l'alternance de deux saisons, l'une sèche et l'autre humide. La saison humide dure 5 à 6 mois avec un cumul pluviométrique annuel dépassant 900 mm. Les températures moyennes mensuelles dépassant rarement 35° C. Comme dans l'ensemble du pays, deux vents dominants soufflent dans cette zone : les vents humides de secteurs sud-ouest (mousson) en saison pluvieuse et les vents secs de secteur nord-est (harmattan) en saison sèche. Ces vents sont relativement faibles sauf en début et en fin de saison sèche où ils peuvent atteindre des vitesses de 120 Km/h au cours des tornades. Selon ces mêmes auteurs, la végétation de la zone étudiée est une savane boisée avec des forêts claires et des îlots de forêts denses sèches et des galeries forestières.

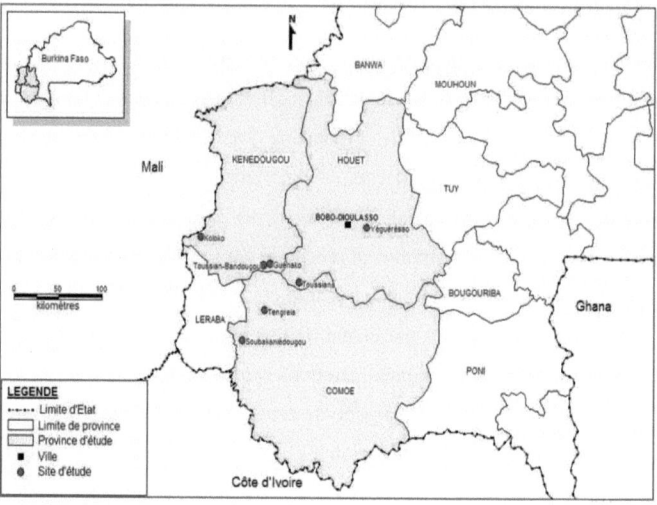

Figure 2 : Situation de la zone d'étude et localisation des sites

Le relief, la zone de l'étude se caractérise par la présence d'un massif gréseux et des falaises avec une altitude variant entre 200 et 600 mètres (Fig. 3). Le point culminant de la zone et du pays est le mont Ténakourou (749 m) situé dans la province du Kénédougou. (Lerebours et Ménager 2001).

Sept vergers de manguiers situés dans différents villages (Fig. 2) constituent les sites de l'étude. Ils sont tous situés en dehors des agglomérations villageoises mais ceux de Toussiana et de Yégérésso sont au voisinage immédiat des zones d'habitation. Leurs caractéristiques sont présentées dans le Tableau 2.

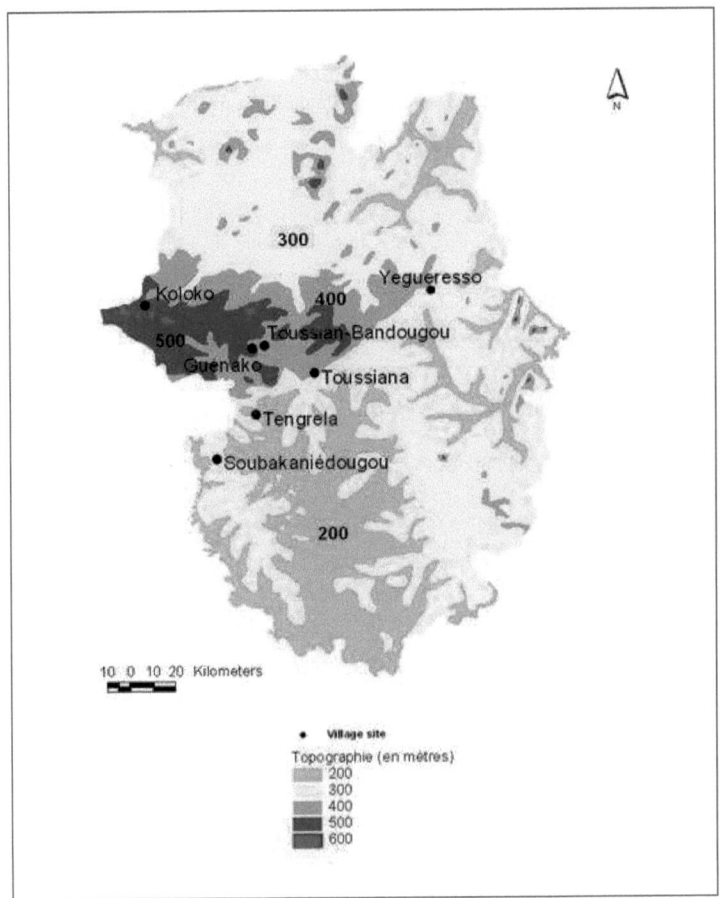

Figure 3 : Relief de la zone de l'étude

3.1.2. Choix des vergers

La prépondérance de l'Ouest du Burkina Faso dans la production fruitière en générale et de la mangue en particulier (Guira et Zongo, 2006) a guidé son choix comme cadre de la présente étude. Les provinces de la Comoé, du Houet, et du Kénédougou les plus représentatives en production de mangue dans la région (selon les organisations de producteurs de mangue) ont ainsi été retenues pour abriter les sites d'étude. Etant donné les différences de phénologie des manguiers à la même période de l'année qui existent entre ces 3 provinces qui appartiennent à la même zone agro-écologique, 2 sites d'étude ont été implantés dans chaque province. L'étendue de la zone d'investigation et l'importance des ressources disponibles pour l'étude, ont justifié le nombre de site retenu par province qui a été fixé à deux. Six vergers sites ont été retenus dans les plus grands bassins de production de mangue de la zone d'étude selon les critères ci-dessous :

- Le verger site doit être situé dans une zone de production importante de mangues ;
- Le verger site doit posséder des manguiers greffés et en en âge de produire ;
- Le verger site doit être accessible en toute saison ;
- Le verger site doit avoir une superficie comprise entre 5 et 10 ha;
- Le ou les propriétaires des vergers sites doivent s'engager à ne pas effectuer de traitements chimiques sur le verger ou à sa proximité immédiate.

Le choix des sites expérimentaux a été effectué en juillet 2007 au cours de sorties de prospection. Les principaux bassins de production de mangue de chaque province ont été au préalable déterminés à partir de la connaissance du milieu auprès des organisations de producteurs de mangues présentes. La prospection a consisté à la visite dans les localités retenues, de vergers ciblés selon les critères de choix définis et à la sélection du verger qui répond le plus à ces critères. Face aux difficultés pour trouver dans la province du Kénédougou un deuxième verger répondant à tous les critères définis, un troisième verger y a été retenu plus tard dans le village de Guénako pour éventuellement remplacer celui de Toussian-Bandougou qui présentait des difficultés d'accès portant le nombre total de site à 7.

3.1.3. Caractéristiques climatiques des vergers sélectionnés

Pendant les deux ans d'études, la température et l'humidité relative ont été notés toutes les semaines. Les résultats détaillés sont donnés en annexe.

Les figures 4 et 5 ci dessous donnent les valeurs moyennes mensuelles de la température et de l'humidité relative au cours des mois d'avril, mai et juin, période de fructification durant laquelle les attaques de mouches des fruits sont importantes. Les vergers de la province de Kénédougou (Koloko, Gueneko et Toussan-Bandougou) présentent des profils voisins d'évolution des températures et de l'humidité sur ces 3 mois qui les différencient de ceux des autres vergers. En particulier il peut être noté d'une part une humidité relative qui est plus élevée en avril et en mai que dans les autres zones, d'autre part une température moyenne, en avril, nettement plus basse que dans les autres sites.

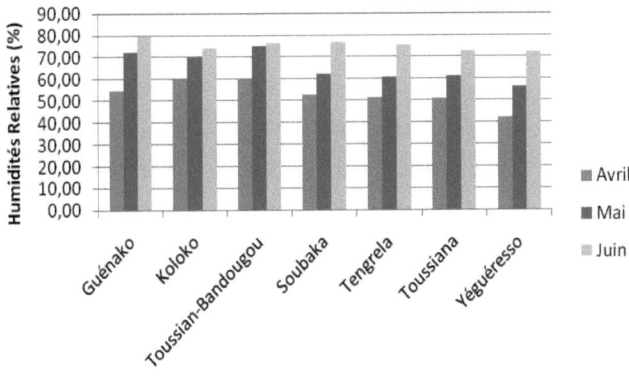

Figure 4 : Valeurs moyennes mensuelles de l'humididité relative (HR) entre avril et juin dans les différents sites au cours de l'étude

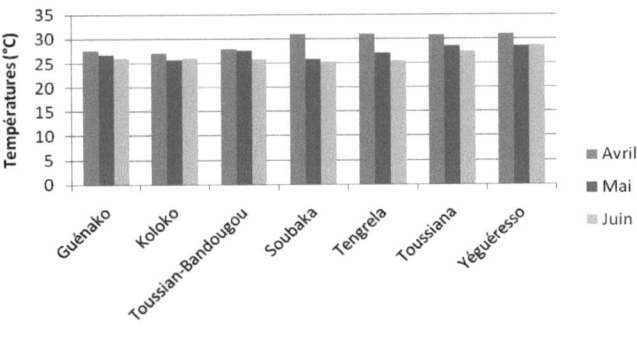

Figure 5 : Valeurs moyennes mensuelles de la température (T°) entre avril et juin dans les différents sites au cours de l'étude

3.1.4. Caractéristiques culturales des vergers sélectionnés (tableau 2 et fig. 6)

Très peu envahis par les herbes et d'autres plantes adventices à cause de certaines pratiques culturales, ces vergers comportent cependant des pieds isolés d'autres espèces fruitières cultivées ou non. Le désherbage y est effectué au début de la saison sèche et des labours sont réalisés en fin d'hivernage dans les sites de Guénako, Koloko et Toussian-Bandougou. La pratique de la culture intercalaire dans les vergers est courante uniquement à Guénako et à Toussian Bandougou avec le bissape (*Hibiscus sabdarifa*) cultivé entre les lignes de plantation.

Des formations végétales naturelles et des champs de cultures annuelles (céréales, légumineuses) bordent les différents sites avec toutefois le voisinage d'autres plantations fruitières dans certaines localités. A Guénako et à Tengrela des plantations d'anacardiers (*Anacardium occidentale*) jouxtent certains cotés des vergers. A Koloko et à Toussian-Bandougou ce sont des plantations d'agrumes (*Citrus sp.*) qui sont riveraines à certains cotés. Enfin, une plantation de palmiers à huile (*Elaïs guineensis*) est située au voisinage du verger de Toussian-Bandougou.

Les cultures maraîchères sont régulièrement pratiquées dans des parcelles voisines des sites d'étude notamment à Tengrela, Toussian-Bandougou et Yéguérésso. Le site de Yéguérésso situé en bordure d'une grande voie bitumée n'est pas éloigné de points de vente de fruits et légumes divers.

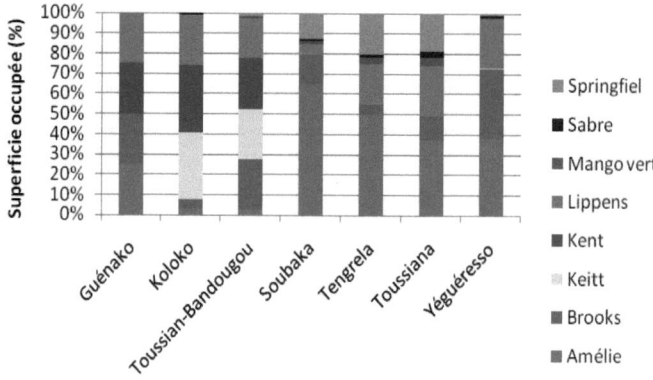

Sites d'étude

Figure 6 : Proportions des superficies occupées par les différentes variétés de manguiers dans les 7 vergers

En ce qui concerne les cultivars, les vergers sites peuvent être organisés en deux groupes qui recouvrent les observations climatiques faites précédemment: les vergers de la province de Kénédougou (Koloko, Guenako et Toussian-Bandougou) dans lesquels les espèces majeures sont Lippens, Kent, Brooks ou Keitt, et les vergers des deux autres provinces qui ont comme variété majoritaire Amélie et qui comporte le plus souvent la variété Springfels peu présente dans l'autre zone.

A ces différences de variétés s'ajoutent des différences dans les stades phénologiques. Ainsi dans les vergers de la province de Kénédougou, les récoltes sont tardives alors qu'elles sont précoces dans les 4 sites situés dans les provinces de la Comoe et du Houet.

Tableau 2 : Caractéristiques culturales des 7 vergers sites de l'étude

Localisation des sites		Coordonnées géographiques et altitude des sites	Superficies (ha)	Ecartements entre les arbres (m)	Densités de plantation (nombre d'arbres/ha)	Age des manguiers (années)	Cultivars présents	Fructification des manguiers
Provinces	Villages							
	Koloko	11°05'51.6'' N 5°49'31.0'' E Altitude (m) : 538	6	9 m X 9m	123	15	Amélie, Brooks, Kent, Keitt, Lippens, Valencia, Mango vert	
Kénédougou	Toussiam-Bandougou	10°55'27.7'' N 4°52'19.5'' E Altitude (m) : 486	10	9 m X 9m	123	18 et +	Amélie, Brooks, Kent, Keitt, Lippens, Mango vert	Tardive : début des récoltes en mai
	Guénako	10°56'09.5'' N 4°49'31.0'' E Altitude (m) : 478	8	10 m X 10 m	100	16	Amélie, Brooks, Kent, Lippens, Mango vert	

Source : Observations sur le terrain O.S. Nafiba

Tableau 2 *(Suite)* : Caractéristiques culturales des 7 vergers sites de l'étude

Localisation des sites		Coordonnées géographiques et altitude des sites	Superficies (ha)	Ecartements entre les arbres (m)	Densités de plantation (nombre d'arbres/ha)	Age des manguiers (années)	Cultivars présents	Fructification des manguiers
Provinces	*Villages*							
Comoé	Soubakaniédougou	10°28'35.9'' N 5°00'41.8'' E Altitude (m) : 305	10	10 m X 10 m	100	18 et 33	Amélie, Brooks, Lippens, Springfels, Mango vert, Sabre	Précoce à pleine saison : début des récoltes entre mars et avril
	Tengrela	10°39'21.0''N 4°51'30.9'' E Altitude (m) : 306	5	10 m X 10 m	100	16 et 28	Amélie, Brooks, Lippens, Springfels, Mango vert, Sabre	
Houet	Toussiana	10°49'27.4'' N 4°39'26.1'' E Altitude (m) : 480	4	8 m X 8 m	156	18 et +	Amélie, Brooks, Lippens, Springfels, Mango vert, Sabre	Précoce : début des récoltes en mars
	Yéguérésso	11°09'29.8'' N 4°09'53.0 E Altitude (m) : 352	14,7	10 m X 10 m	100	28 et +	Amélie, Brooks, Kent, Lippens, Springfels, Mango vert, Sabre	

Source : Observations sur le terrain O.S. Nafiba

3.2. MATERIELS

3.2.1. Matériel végétal

Le manguier (*Mangifera indica* L.) a été le principal matériel végétal utilisé au cours de cette étude. Les arbres ont porté les pièges placés dans les vergers et ses fruits ont été échantillonnés et placé en incubation. Huit variétés couramment rencontrées dans les sites d'études ont été étudiés. Six de ces 8 variétés : Amélie, Brooks, Keitt, Kent, Lippens et Springfels, sont améliorées par greffage. Deux autres, Mangot vert et Sabre, ne sont pas greffées. Quelques caractéristiques de ces variétés décrites par La Guira et Zongo (2006), de Laroussilhe (1983) sont présentées ci-dessous et leurs illustrations en annexe 1.

- Amélie : Localement appelée « Gouverneur » ou « Greffée » est la variété la plus précoce des cultivars greffés et occupe 18,96% de la superficie totale des vergers de la zone d'étude. L'arbre possède un port ramassé en boule avec des fruits arrondis à peau vert jaunâtre et une chair de coloration orange foncé molle et fondante. Leur poids moyen varie entre 250 à 450 g.

- Brooks : Cette variété est aussi désignée localement sous l'appellation « manguier retard » ou « tardive ». Cultivar tardif, il occupe environ 30% de la superficie de vergers de la zone. L'arbre a un port étalé et possède des fruits ovales allongés dont la peau épaisse et résistante est vert foncé à vert jaunâtre et la chair ferme moyennement aromatique et légèrement acidulée de couleur jaune brillant. Le poids moyen des fruits est de 250 à 400 g.

- Keitt : A cause de son caractère tardif, il est le dernier cultivar greffé récolté, avec Brooks, dans les vergers de l'Ouest du Burkina. Il est présent sur environ 5,5% des surfaces cultivées en mangue. Il est aussi appelé « Laban » qui veut dire « fin » dans la langue locale. Ses arbres ont un port étalé et donnent des fruits légèrement ovales avec une peau épaisse assez résistante rouge violacé et une chair relativement ferme de couleur orange à jaune foncé possédant un nombre important de fibres fines et non gênantes. Le poids moyen des fruits varie entre 600 et 750 g.

- Kent : C'est un cultivar de fin de pleine saison localement désigné sous l'appellation « Krouba-Krouba ». Il occupe près de 19% de la superficie totale des vergers de manguiers dans la zone d'étude. Il possède un port dressé, ses fruits sont arrondis avec une peau épaisse et résistante rouge violacé et une chair de couleur jaune intense à jaune orange de consistance moyenne, sans fibres avec une saveur aromatique. C'est une des meilleures variétés de mangues. Leur poids moyen varie entre 600 et 750 g.

- Lippens : Localement connu sous le nom « Timi-Timi », Lippens est un cultivar de saison dont les arbres au port étalé parfois érigé occupent 25 % de la superficie totale des vergers dans l'Ouest du Burkina. Cette variété produit des fruits légèrement allongés avec une peau vert jaunâtre ou violacée et une chaire juteuse dont le poids moyen varie entre 200 et 350g.

- Springfels : C'est aussi une variété de saison désignée localement sous les appellations « mangue papaye » ou « mangue ananas ». Les arbres de ce cultivar sont de port érigé et couvrent environ 2% de la superficie des vergers de la zone d'étude. Il donne de très gros fruits allongés qui ont une peau épaisse de couleur rouge violacé avec une chair juteuse. Leur poids moyen varie entre 600 et 1200 g.

- Les mangotiers ou poly-embryonnés : Mango vert aussi appelé « Nounkourounou » et Sabre désigné localement par l'appellation « Nounguian » sont des cultivars non greffés. Ils sont présents en petits groupes ou en pieds isolés autour des concessions ou dans les vergers. Leurs fruits allongés pour le premier et un peu arrondis pour le second sont très petits avec une chair peu abondante, fibreuse mais très parfumée. Ce sont des variétés très précoces qui sont récoltées avant les cultivars greffés.

3.2.2. Matériel de piégeage

3.2.2.1. Les pièges

Deux types de pièges ont été utilisés au cours de cette étude, les Tephri Trap et les Mac Phail. Cinquante six Tephri Traps (Photo 4) conçus par SORYGAR (SORYGAR S.L. Quinta del Sol n° 37 Las Rozas, Madrid 28230 España) ont servi à la collecte des données. Ils sont constitués d'un boîtier de couleur jaune possédant 5 orifices circulaires dont 4 sur la paroi à la partie supérieure et un au niveau de la base envasée sur lequel s'adapte une nacelle. Un couvercle en plastique transparent complète la constitution de ce piège.

Les pièges Mac Phail dont 28 unités ont été utilisées dans le dispositif mis en place sont des produits de ChemTica Internacional (CTI) SA (CTI, Zeta Industrial Park, La Valencia, Heredia, Costa Rica). Ils comportent une cuvette jaune à la base évasée avec une ouverture que surmonte un dôme transparent comportant une nacelle à la partie supérieure (Photo 2).

3.2.2.2. Les attractifs

Des paraphéromones sexuelles et un attractif alimentaire ont servi d'appât au cours de cette investigation. Si les paraphéromones sexuelles attirent les adultes mâles des Tephritidae sur des distances assez longues, l'attractif alimentaire quant à lui à un large spectre d'attractivité touchant à la fois les mâles et femelles de cette famille, mais agirait sur des distances plus courtes.

- Le Méthyl eugénol ou 4-allylvératrole est l'une des paraphéromones utilisées sous forme de cartouches imprégnées. Il présente une attractivité pour *B. invadens* et *C. bremii*. C'est un éther aromatique qui se retrouve dans les huiles essentielles et plusieurs espèces végétales.

- Le Terpinyl acétate ou 2-(4-Methyl-3-cyclohexenyl)-2-propyl Acetate ou encore p-Menth-1-en-8-yl acétate et la deuxième paraphéromone sexuelle qui a également été utilisé sous forme de cartouches imprégnées. Cette substance qui présente une attractivité pour les autres espèces de Tephritidae du genre *Ceratitis* est un ester retrouvé dans certaines huiles renfermant des esters aisément saponifiables (Guenther, 1948). Ces deux produits sont fabriqués par International Parapheromon Shop (IPS, Units 10-15 Meadow Lane Meadow Lane Industrial Estate, Ellesmere Port, South Wirral, CH65 4TY, England).

- La levure de Torula (*Torulopsis utilis*) riche en protéine a été le seul attractif alimentaire utilisé dans le dispositif. Ce produit de CTI se présentait sous la forme de pastilles.

3.2.2.3. L'insecticide

Le DDVP ou Dichlorvos (0,0 -diméthyl-0-(2,2-dichloro) phosphate) qui est un insecticide organophosphoré (Asperen, 1958) a été utilisé. Les tablettes utilisées sont fabriquées par IPS.

Photo 2 et 3: Dispositif de suivi des populations de Tephritidae dans les vergers

Photo 4 : Piège Tephri trap   **Photo 5 :** Piège Mac Phail

3.2.3. Matériel de collecte des données climatiques

3.2.3.1. Les thermohygromètres

Sept thermohygrographes enregistreurs à tambour de marque Jules Richards (Photo 6) ont permis l'enregistrement de la température et de l'hygrométrie dans les différents sites au cours de la première année d'étude. Ces appareils qui enregistrent des températures comprises entre -15 et 60 °C et des hygrométries allant de 0 et 100% possèdent une précision de 1% de leur pleine échelle. Au cours de la deuxième année d'étude, deux enregistreurs de température et d'hygrométrie de marque Tinytag (TGP 4500) (Photo 7) ont remplacé les premiers dans chaque site. Ces appareils à mémoire capables d'enregistrer 32000 données, possèdent des gammes d'enregistrement variant entre - 25°C et + 85°C pour la température et 0 et 100 % pour l'hygrométrie. Un logiciel de lancement et récupération des données (Tinytag Explorer 4.6) a permis de recueillir périodiquement à partir d'un ordinateur, les enregistrements effectués.

Photo : O.S.Nafiba

Photo 6 : Thermo hygrographe à tembour

Photo : O.S.Nafiba

Photo 7 : Enregistreurs de température et d'humidité à mémoires

3.2.3.2. Les pluviomètres

La mesure de la pluviométrie dans les différents sites a été effectuée à l'aide de 7 pluviomètres à lecture directe (Photo 8) (SPIEA 1650-02). Ils sont constitués de deux parties s'emboîtant l'une dans l'autre et d'une éprouvette qui permettent la collecte et la mesure des hauteurs de pluie avec une approximation de 1/4 de millimètre pour les pluies 0 et 10 mm et 1/2 millimètres pour les pluies comprises entre 1 et 10 cm à cause du changement de graduation selon la hauteur du seau du pluviomètre.

Photo : O.S.Nafiba

Photo 8 : Pluviomètre à lecture directe

3.2.4. Matériel divers

Pour la réalisation de la présente étude, divers matériels ont été utilisés pour la collecte des données aussi bien sur le terrain qu'au laboratoire. Il s'agit :

- D'alcool à 70° et de piluliers pour les relevés de pièges,
- De fil de fer mou et de graisse solide pour la pose des pièges,
- De cuvettes plastiques de différentes tailles, de sable stérilisé, de grillage à grosses mailles, et de toile mousseline pour l'incubation des fruits au laboratoire,
- Des boîtes de Petri aux couvercles perforés pour la collecte et la mise en éclosion des pupes,
- Des fiches de collecte de données (Annexe2).

3.3. MÉTHODOLOGIE

3.3.1. Inventaire floristique

Dans le cadre de la recherche des autres plantes hôtes des Tephritidae dans les formations végétales riveraines des vergers de manguiers, un inventaire des espèces ligneuses autour des différents sites d'étude a été effectué. Cet inventaire a concerné 6 des 7 sites d'études, le site de Guénako ayant été retenu plus tard à un moment qui n'était plus favorable à la réalisation de l'inventaire floristique réalisé entre août et septembre 2007. L'inventaire a été réalisé selon la méthode du transect en suivant sur les 4 côtés déterminés de chaque site, la diagonale d'une bande de terrain de 500 m de large. Sur chaque transect, trois placettes carrées de 50 m de côté ont été déterminées en ses deux extrémités et au milieu, soit 12 placettes de 250 m^2 pour chaque site. L'inventaire a consisté à l'identification et au recensement exhaustif dans chaque placette des espèces ligneuses ayant plus de 1,5 m de hauteur et des principales espèces herbacées rencontrées dont certaines sont aussi hôtes d'espèces de Tephritidae. Pendant le recensement, le nom scientifique, la hauteur et la circonférence du tronc à la base et à 1,30m du sol (ou à hauteur de la poitrine) ont été déterminées. Le stade phénologique et l'aptitude des plantes à fructifier ont été aussi précisés au cours de l'inventaire.

3.3.2. Mise en place des pièges

Le dispositif de piégeage de détection constitué de 84 pièges a été mis en place selon la méthode décrite par Vayssières et Sinzogan (2008 a) entre le 17 et le 22 décembre 2007 pour tous les sites à l'exception de Guénako. Dans ce dernier verger dont le choix définitif est intervenu plus tard que les 6 autres, la mise en place de ce dispositif est intervenue le 07 janvier 2008. Les pièges ont été accrochés sur des branches charpentières de manguiers (Photo 1) avec du fil de fer mou sur lequel 2 masses de graisse solide ont été appliquées pour empêcher la prédation des insectes capturés par des fourmis tisserandes, *O. longinoda* rencontrées dans les vergers. Dans chaque verger, 12 pièges dont 4 Mac phail et 8 Tephri Trap ont été placés. Ils ont fonctionné grâce aux attractifs qui ont permis d'y attirer les insectes cibles et à l'insecticide qui a tué les insectes fréquentant les pièges permettant de les récupérer au cours des relevés de pièges. Les Mac Phail ont été utilisés avec le Torula pour permettre l'inventaire des Tephritidae dans les différents sites et le suivi de la fluctuation des populations de femelles des principales espèces. Quatre (4) Tephri Trap ont fonctionné au Méthyl eugénol pour permettre de suivre les fluctuations des populations de mâles de *B. invadens*, la nouvelle espèce de mouche des fruits invasive en Afrique (Drew *et al.*, 2005). Les quatre autres pièges de ce type ont quant à eux fonctionné avec le Terpinyl acétate dans le cadre du suivi de la fluctuation des populations de mâles des différentes espèces de Cératites (Caroll *et al.* 2002).

3.3.3. Relevé des pièges

Il a été effectué de façon hebdomadaire et à jour fixe du 29 décembre 2007 au 30 décembre 2009. Ces relevés ont eu lieu tous les lundis à Génako, Koloko et Toussian-Bandougou, chaque mardi à Soubakaniédougou, Tengrela et Toussiana et tous les mercredis à Yéguérésso en tenant compte de la localisation de ces sites et des axes routiers qui y mènent. Au cours des relevés de pièges, les insectes capturés ont été collectés, lavés puis conservés dans des piluliers contenant de l'alcool à 70 ° qui ont fait l'objet d'un double étiquetage. Sur chaque étiquette ont été notés la date de relevé, l'attractif contenu dans le piège, le numéro du piège et le nombre de Tephritidae collectés ainsi que le stade phénologique de l'arbre portant le piège. Auparavant, les Tephritidae capturés ont été dénombrés par genre et espèce si cela était possible. La levure de Torula dissoute dans l'eau a été renouvelée à chaque relevé hebdomadaire des pièges. Les paraphéromones sexuelles et les plaquettes d'insecticides ont été renouvelées chaque mois afin de maintenir constants, leurs effets attractif et insecticide (Vayssières et Sinzogan, 2008 b).

Afin de déterminer la relation entre la phénologie des arbres et l'importance des captures de Tephritidae, les stades phénologiques des arbres ont été notés au cours des relevés de pièges. Les stades phénologiques définis à cet effet sont :

- Le stade végétatif qui couvre les périodes pendant lesquelles les manguiers ne portent pas de fruits,

- Le stade floraison qui va du début (25% des fleurs épanouies) à la fin de la floraison (75% des fleurs épanouies),

- Le stade fructification qui va du grossissement des fruits à la fin des récoltes

Les informations recueillies au cours du relevé des pièges ont été, par la suite, consignées dans des fiches.

3.3.4. Collecte des données climatiques

Pour évaluer l'influence de la température ambiante, de l'humidité relative de l'air et des précipitations sur les fluctuations des populations des Tephritidae et les dégâts qu'ils occasionnent sur la mangue, des mesures de ces différents facteurs ont été effectuées dans chaque site d'étude. Elles ont été réalisées par un dispositif constitué d'un thermohygrographe enregistreur à tambour, d'une paire d'enregistreurs à mémoire et d'un pluviomètre (3.2.3.1.) mis en place selon les recommandations du service national de la météorologie entre le 17 et le 19 mars 2008. Les appareils de mesure de la température et de l'hygrométrie ont été placés dans des abris en bois confectionnés selon le modèle des abris météo installés dans des endroits dégagés des vergers (Photo 6 et 7). Avant leur utilisation, les enregistreurs à tambour ont été calibrés par la direction régionale de la météorologie à Bobo-Dioulasso tandis que ceux à mémoire ont été livrés déjà calibrés. Entre mars 2008 et avril 2009, les variations horaires de la température et de l'hygrométrie ont été enregistrées quotidiennement sur des diagrammes conçus pour cela. Ces enregistrements ont été étalés sur une semaine correspondant à la période de piégeage avant le relevé des pièges. A l'issue de chaque période d'enregistrement, les diagrammes ont été retirés des appareils et remplacés par de nouveaux. Les valeurs minimales et maximales quotidiennes de la température et de l'humidité relative ont été par la suite notées sur des fiches de relevé des températures et d'humidité relative après lecture des diagrammes. A partir du 22 avril 2009, les enregistreurs à tambour ont été remplacés dans tous les sites par une paire d'enregistreurs à mémoire. Ces appareils ont été programmés pour enregistrer toutes les 10 minutes, les valeurs minimales et maximales de la température et de l'hygrométrie jusqu'à saturation de la mémoire après environ 3 mois. Au terme de la période d'enregistrement, les données ainsi collectées ont été transférées sur ordinateur et exportées sous format Microsoft Excel.

La mesure des précipitations a été effectuée à l'aide des pluviomètres à lecture directe installés dans les différents vergers à une distance de 50 m de tout obstacle selon les recommandations du service national de la météorologie (Photo 8). La lecture des pluviomètres a été effectuée quotidiennement à 8h et à 18h. Après chaque lecture, le pluviomètre a été vidé et replacé sur son support et la quantité d'eau tombée notée dans une fiche de relevé pluviométrique.

3.3.5. Echantillonnage des mangues

Pour évaluer l'importance des dégâts des Tephritidae sur les différents cultivars de mangues présents dans les sites d'étude, un échantillonnage de fruits a été effectué pendant la saison de la mangue entre mars et août 2008 et entre mars et juillet 2009. Dans chaque verger, des pieds portant suffisamment de fruits des différents cultivars ont été choisis de façon aléatoire, avant le début des récoltes, en suivant la diagonale des parcelles qui leur sont affectées ou du verger lorsque les cultivars ne sont pas séparés. Les arbres ainsi choisis ont été marqués par l'application d'une étiquette sur laquelle les initiales du nom de la variété et le numéro d'ordre de sélection de l'arbre ont été inscrits. Au cours des 2 saisons de la mangue couvertes par cette étude, 36 fruits par cultivar ont été prélevés dans chaque site toutes les 2 semaines depuis le stade prématurité des fruits jusqu'à la fin des récoltes, à raison de 6 fruits récoltés au hasard sur chaque arbre sélectionné. Chaque échantillon étiqueté constitué par les fruits d'une même variété collectés dans un même site a été ramené au laboratoire pour incubation. Sur ces étiquettes sont précisés la localité, la date d'échantillonnage, le nom du cultivar et le nombre exact de fruits cueillis ainsi que leur poids. Au cours de la campagne mangue 2009, les fruits récoltés ont été individuellement étiquetés. Sur chaque fruit ont été inscrits les initiales de la variété, le numéro de l'arbre sur lequel il a été prélevé et le rang de prélèvement du fruit sur l'arbre. Les informations contenues sur les étiquettes ont été consignées dans des fiches de prélèvement.

3.3.6. Echantillonnage des fruits d'autres espèces

Pour rechercher les autres plantes hôtes des Tephritidae dans les formations végétales riveraines des vergers, des échantillons de fruits d'autres espèces fruitières cultivées ou sauvages rencontrées dans la périphérie des sites d'étude ont été collectés. Démarrée en avril 2008, cette collecte a été effectuée toutes les 2 semaines en alternance avec l'échantillonnage des mangues jusqu'à la fin de l'année 2009. Elle a consisté en la cueillette de façon aléatoire de 33 fruits par espèces selon leur disponibilité dans les placettes d'inventaire mais aussi dans le reste des formations végétales riveraines des vergers et le long des grands axes routiers. Pour chaque échantillon, les informations sur le lieu et la date de collecte, le nom de l'espèce, et le nombre de fruits cueillis ont été notées et portées dans le lot de fruits constitué.

3.3.7. Incubation des fruits

Au laboratoire, les fruits (mangues et autres espèces) de chaque échantillon ont été placés ensemble dans des pots plastiques contenant du sable stérilisé et recouvert par une toile moustiquaire puis mis en observation (Vayssières *et al.* 2004). Une masse de grillage a été placée dans chaque cuvette pour isoler les fruits de la couche de sable. Sur ces cuvettes, les informations portées par les étiquettes réalisées à l'échantillonnage ont été éditées pour chaque lot. Dans les cas de lots volumineux (gros fruits) les échantillons ont été fractionnés et placés dans différentes cuvettes portant les mêmes informations sur les étiquettes mais numérotés et rangés dans les mêmes conditions d'observation. Afin de déterminer l'importance économique des Tephritidae associées aux dégâts causés à la mangue, les fruits récoltés au cours de la saison 2009 ont été individualisés dans des pots pour leur incubation (Vayssières *et al.* 2005) après la pesée. Les fruits ainsi incubés ont été gardés pendant 6 semaines dans les conditions ambiantes dans un tunnel sous ombrière et observés au moins une fois par semaine.

3.3.8. Suivi des incubations et mise en éclosion des pupes

Tout au long de la période d'incubation et cela une fois par semaine, les fruits de chaque échantillon ont été retirés des enceintes dans lesquelles ils ont été rangés puis observés individuellement. Ceux qui étaient infestés par les Tephritidae ont été identifiés à partir des descriptions faites par Cohereau (1970) et de Larousilhe (1983). Lorsqu'il n'était pas possible de constater l'infestation à partir des fruits entiers, une dissection été effectuée pour y parvenir. Pour chaque lot, les informations portées sur les étiquettes et le nombre de fruits infestés ont été consignés dans des fiches de suivi des incubations (Annexe 2). Dans le cas des incubations individuelles de mangues réalisées en 2009, ce sont les références du fruit notées à l'échantillonnage puis son état d'infestation qui ont été reportées dans les fiches d'incubation (Annexe 1). Après les observations faites sur les fruits, le sable contenu dans les cuvettes a été tamisé en vue de la collecte des pupes formées à partir des larves issues des fruits infestés. Elles ont été déposées dans des boîtes à pupes qui ont été étiquetées puis rangées dans les cages grillagées dans le tunnel sous ombrière jusqu'à l'éclosion du maximum d'adultes ou de parasitoïdes. A chaque observation, le nombre de pupes collectées par échantillon, a également été noté dans la fiche de suivi des incubations. Après ces différentes opérations, le dispositif d'incubation a été remis en place et ce jusqu'à la fin de cette période.

3.3.9. Identification des espèces capturées

L'identification des adultes de Tephritidae capturés dans les pièges et de ceux issus des fruits infestés a été effectuée par nous même sous loupe binoculaire en observant les caractères morphologiques. Des documents de référence ont été utilisés à cet effet (Caroll *et al.* (2002) ; White (2006) ; White et Elson-Harris (1992) ; De Meyer, (1996, 1998)) ainsi qu'une collection de référence de l'Institut International d'Agriculture Tropicale / Centre de Coopération International et de Recherches Agricoles pour le Développement (IITA/CIRAD) de Cotonou. Les espèces que nous n'avons pas pu identifier on été envoyées dans ce même laboratoire pour l'être de même que les adultes de parasitoïdes émergés. Pour chaque espèce de Tephritidae identifiée, le nombre d'adultes capturés par pièges à chaque relevé de pièges ou issus de l'éclosion des pupes collectées à partir des fruits infestés a été reporté dans des fiches d'identification (Annexe 2) avec les références relatives à leur origine. Les adultes issus des fruits infestés ont été, après identification, conservés dans des piluliers contenant de l'alcool à 70°.

3.4. TRAITEMENT ET ANALYSE DES DONNEES

3.4.1. Logiciels utilisés

Les données collectées au cours de cette étude ont été traitées avec le logiciel Excel 1997-2003 de Microsoft office 2003. Les analyses statistiques ont elles été réalisées avec le logiciel Xl Stat 7.1 de Adinsoft.

3.4.2. Traitement et Tests statistiques

3.4.2.1. Inventaires des espèces

Les mêmes traitements et tests statistiques ont été appliqués aussi bien pour l'inventaire de Tephritidae dans les vergers de manguiers que celui des espèces ligneuses dans les formations végétales riveraines des vergers.

- Diversité Gama

Pour l'ensemble de la zone de l'étude, la diversité gama qui désigne le nombre d'espèces rencontrées a été déterminée dans le cadre des inventaires de Tephritidae et des autres espèces fruitières.

- Diversité alpha

Pour mesurer l'abondance et la diversité des Tephritidae dans les vergers et des ligneux des les formations végétales riveraines de ces sites, nous avons utilisé la diversité alpha qui mesure l'abondance et la diversité des plantes, insectes et microorganismes vivant dans une communauté particulière ou dans une zone d'habitat uniforme. Trois expressions de la diversité Alpha ont été utilisées pour la caractériser : la richesse spécifique (S), l'indice de diversité de Shannon-Wiener (H') et l'indice d'équitabilité de Pielou (E).

- La richesse spécifique (S) : Elle désigne le nombre total d'espèces recensées dans une communauté donnée (Peet, 1974, Jayaraman, 2000) et a été déterminée pour chaque site ;

- L'indice de diversité de Shannon-Wiener (H') dont les valeurs pour les différentes communautés peuvent être vérifiées à l'aide du test t de Student a été calculé à l'aide de la formule fournie par suivante (Frontier, (1991) ; Brugneaux, (2004)) :

$$H' = -\sum_{i=1}^{S} p_i \ln p_i$$

Pi est l'abondance relative de chaque espèce. Il est le rapport du nombre d'individu de l'espèce donnée (ni) sur le nombre total d'individu de la communauté (N).

Les valeurs de l'indice de diversité de Shannon-Wiener (H') sont comprises entre 0 et lnS, de faibles valeurs de cet indice traduisent une contribution inégale des différentes espèces à la constitution de la communauté. Les valeurs de cet indice pour les différents sites ont été comparées deux à deux par le test t de Student au seuil de 5%.

- L'indice d'équitabilité de Pielou (E). C'est une mesure de la biodiversité qui tient compte de la répartition des individus entre les espèces permettant de quantifier l'égalité des communautés numériquement (Frontier, (1991) ; Brugneaux, (2004)). Il a été calculé selon la formule fournie suivante:

$$E = \frac{H'}{H'_{\max}}$$

H' est l'indice de Shannon-Wienner et

$$H_{\max} = -\sum_{i=1}^{S} \frac{1}{S} \ln \frac{1}{S} = \ln S.$$

Les valeurs de E sont comprises entre 0 et 1 et de faibles valeurs de cet indice indiquent également une contribution inégale des différentes espèces à la constitution de la communauté.

- Diversité Bêta

Elle a été déterminée au cours de cette étude pour comparer la biodiversité des Tephritidae et des autres espèces fruitières entre les différents sites d'étude. L'indice de Similarité de Sorensen et le coefficient de similitude de Jaccard (IS$_J$) ont été les deux indices de diversité Bêta utilisés dans cette étude.

- L'indice de Similarité de Sorensen (β) qui est une mesure de la bêta diversité variant entre 0 (= absence de similitude) et 1 (= similitude parfaite) (Sørensen, 1948) a été utilisé pour comparer la biodiversité des Tephritidae des différents sites de cette étude. Il a été calculé selon la formule ci dessous:

$$\beta = \frac{2c}{S_1 + S_2}$$

Avec :

c = Nombre d'espèces communes aux deux localités

S1 = Richesse spécifique du site 1

S2 = Richesse spécifique du site 2

- Le coefficient de similitude de Jaccard (ISJ) : Il tient compte uniquement de la présence des espèces dans la communauté étudiée et a été déterminé avec la formule suivante (Kiéma, 2007) :

IS$_J$ = (c/ A+B-c) x 100

3.4.2.2. Fluctuation des populations de Tephritidae dans les vergers de manguiers

Pour le suivi de la fluctuation des populations de Tephritidae, le nombre moyen d'individu capturé par piège à chaque date de relevé, a été déterminé aussi bien pour les mâles avec les paraphéromones sexuelles que pour les femelles avec l'attractif alimentaire.

3.4.2.3. Evaluation de l'importance des dégâts de Tephritidae sur la mangue et les autres plantes hôtes

❖ *Traitement des données*

- Incidence des dégâts (I)

Pour les différents cultivars de mangues et les autres espèces fruitières hôtes des Tephritidae, l'incidence des dégâts des Tephritidae (I) (Vayssières *et al.* 2009 c) a été déterminée à chaque date de collecte d'échantillons dans chaque site mais aussi pour toute la zone d'étude en considérant ces niveaux d'observation. Cette mesure a été réalisée en calculant le taux d'attaque des échantillons collectés selon la formule suivante :

$$I = (FA \times 100) / FP$$

FA désigne le nombre de fruits infestés dans l'échantillon

FP est le nombre total de fruits prélevés de l'échantillon

L'incidence des dégâts a également été déterminée pour chaque cultivar ou espèce infesté en considérant les données de l'ensemble des sites.

- Taux d'infestation (Ti)

Il mesure l'importance des pontes de Tephritidae dans les fruits et s'exprime en nombre de pupes par unité de poids (Vayssières *et al.* 2009 c). Ce paramètre a été déterminé par site selon les cultivars de mangues, les espèces hôtes, les dates d'échantillonnage mais aussi pour toute la zone d'étude en considérant ces différents niveaux d'observation. La formule ci-dessous a été utilisée pour le calcul de Ti :

$$Ti = Np / PE$$

Np est le nombre de pupes collectées à partir des fruits infestés de l'échantillon

PE est le poids moyen des fruits infestés dans l'échantillon en Kg

- Importance économique (Ie)

Il a été utilisé pour désigner la proportion en pourcentage des dégâts occasionnés par une espèce de Tephritidae donnée (Clarke *et al.*, 2005). Ce paramètre a été mesuré au cours de la campagne 2009 pour les espèces de Tephritidae issues des fruits infestés selon les cultivars, les dates de prélèvement d'échantillons et le site d'échantillonnage à partir de la formule suivante :

$$Ie = (NFai \times 100) / Fp$$

NFai est le nombre de fruits de l'échantillon infesté par l'espèce i

FP est le nombre total de fruits prélevés de l'échantillon

Le mode d'incubation des fruits au cours la campagne mangue 2008 et dans les suivis des infestation des autres plantes-hôtes des Tephritidae n'a pas permis la mesure de ce paramètre au cours de ces études.

❖ *Tests statistiques*

Pour comparer les différents paramètres mesurés selon les cultivars de mangues suivis, les autres espèces hôtes identifiées, les périodes d'observation ainsi que les sites d'échantillonnage, une analyse de variance (Anova) a été effectuée au seuil de 5%. Cette analyse a été suivie en cas d'existence de différences significatives, par un test de comparaison de moyenne. Avant l'application de l'analyse de variance, une vérification de la normalité de la distribution des données à été effectuée à l'aide des tests de Jaque Berat et de Shapiro Wilk. Dans les cas de distribution non normales, il a été procédé à des transformations de données de I, Ti et Ie selon la formule arc sinus racine carrée de X en vue de la correction de leur normalité.

Une analyse de corrélation de Spearman a été réalisée pour évaluer la corrélation entre le nombre de mouches capturé par piège, les températures moyennes hebdomadaires, les humidités relatives moyennes hebdomadaires et le cumul hebdomadaire des précipitations avec l'incidence des dégâts et les taux d'infestations des mouches des fruits observés.

3.4.2.4. Influence des facteurs biotiques et abiotiques sur les fluctuations de population

❖ *Traitement des données*

- Influence du climat

Pour étudier les relations entre les facteurs climatiques suivis (Température, Humidité Relative et Pluviométrie), les valeurs moyennes hebdomadaires de la température et de l'Humidité Relative ont été calculées à partir des minimales et maximales journalières enregistrées. Pour la pluviométrie, il a été calculé après chaque semaine de piégeage, le cumul des précipitations enregistrées

- Influence des autres plantes hôtes

Pour mesurer l'effet de la diversité des autres plantes hôtes des Tephritidae sur les fluctuations de leurs populations dans les vergers, la richesse spécifique des autres espèces hôtes a été déterminée pour chaque site.

❖ *Tests statistiques*

L'analyse de corrélation de Pearson a été effectuée pour déterminer l'influence de la température, de l'humidité relative de l'air et des précipitations sur les captures hebdomadaires de *B. invadens* et *C. cosyra* à partir des nombres moyens d'individus capturés par piège et par semaine, et les valeurs moyennes hebdomadaires des deux premiers facteurs. Pour les précipitations, la corrélation a été établie avec le cumul hebdomadaire des précipitations de la semaine précédant le relevé.

Une analyse de corrélation de Pearson a été effectuée entre les captures hebdomadaires de *B. invadens* et *C. cosyra* et la richesse spécifique des autres plantes hôtes pour mesurer leur influence dans la fluctuation des populations de ces insectes dans les vergers.

Pour les différents stades phénologiques observés, une analyse de corrélation a été aussi réalisée pour déterminer la relation entre ce facteur et la fluctuation des populations de Tephritidae dans les vergers.

IV. RESULTATS

4.1. BIODIVERSITE ET FLUCTUATION DES POPULATIONS DE TEPHRITIDAE DANS LES VERGERS

Introduction

Les Tephritidae sont les principaux insectes ravageurs de la mangue au Burkina Faso (Ouédraogo, 2002). La mangue est principalement produite dans des vergers situés dans l'Ouest du pays. Face aux dégâts occasionnés par ces Tephritidae, peu d'actions de lutte ont été engagées en raison d'une certaine méconnaissance des espèces présentes et donc de leur écologie. Pour limiter les risques d'interceptions des exportations pour cause de mangues attaquées, les producteurs arrêtent les exportations de mangues vers l'Europe dès l'installation de l'hivernage. Cette pratique empirique qui ne se base pas sur des informations objectives présente des inconvénients pour ces acteurs de la filière mangue du pays, de plus en plus confrontés à la saisie et à la destruction des conteneurs de mangues pour l'exportation (Guichard, 2009). L'absence d'information sur les espèces de Tephritidae présentes dans cette zone de production ainsi que de leurs périodes de pullulation au cours de l'année ne permet pas une bonne appréciation des risques encourus à la récolte. C'est pour combler ce manque d'information et contribuer à un contrôle plus efficace des dégâts de ces ravageurs que la présente étude a été conduite. Elle vise à répondre aux questions suivantes :

- Quelles sont les espèces de Tephritidae présentes dans les vergers de manguier de l'Ouest du Burkina Faso ?

- Toutes les espèces de Tephritidae rencontrées dans les vergers ont-elles la même importance ?

- Les communautés de Tephritidae dans les vergers de manguiers de l'Ouest du Burkina Faso sont elles différentes selon les localités ?

- Quelles sont les périodes de pullulations des principales espèces de Tephritidae dans les vergers de manguiers de l'Ouest du Burkina Faso ?

La présentation des résultats de cette étude s'articulera autour de deux grands points : l'inventaire des Tephritidae dans les vergers de manguiers de l'Ouest du Burkina dans un premier temps, puis la présentation des fluctuations de population des principales espèces de Tephritidae dans cette zone.

4.1.1. Inventaire des Tephritidae dans les vergers

Les résultats de cette partie de l'étude ont été soumis pour publicayion à la revue Fruits.

4.1.1.1. Diversité alpha

❖ *Richesse spécifique*

Dix huit (18) espèces de Tephritidae appartenant aux genres *Bactrocera* spp, *Ceratitis* spp et *Dacus* spp. ont été identifiées dans la zone d'étude. Il s'agit de : *Bactrocera cucurbitae* (Coquillet), *Bactrocera invadens* Drew *et al., Ceratitis anonae* Graham, *Ceratitis bremii* Guérin-Méneville, *Ceratitis capitata* (Wiedemann), *Ceratitis cosyra* (Walker), *Ceratitis ditissima* (Munro), *Ceratitis fasciventris* (Bezzi), *Ceratitis punctata* (Wiedemann) et *Ceratitis quinaria,* (Bezzi), *Ceratitis silvestrii* Bezzi, *Dacus bivittatus* (Bigot), *Dacus ciliatus* Loew, *Dacus langi* Curran, *Dacus longistylus* Wiedemann, *Dacus pleuralis* Collart, *Dacus punctatifrons* Karsch et *Dacus vertebratus* Bezzi. Le genre *Ceratitis* présente la plus grande richesse spécifique avec 9 espèces identifiées (50% de la diversité γ) contre 7 pour le genre *Dacus* (39% de la diversité γ) et 2 pour le genre *Bactrocera* (11 % de la diversité γ). Selon la localité, la distribution des espèces de Tephritidae (Figure 7) montre que la richesse spécifique varie entre 15 pour les localités de Koloko, Tengrela, Toussian-Bandougou et Yéguérésso et 17 pour Toussiana. Les sites de Guénako et Soubaka quant à eux présentent une richesse spécifique intermédiaire de 16 espèces.

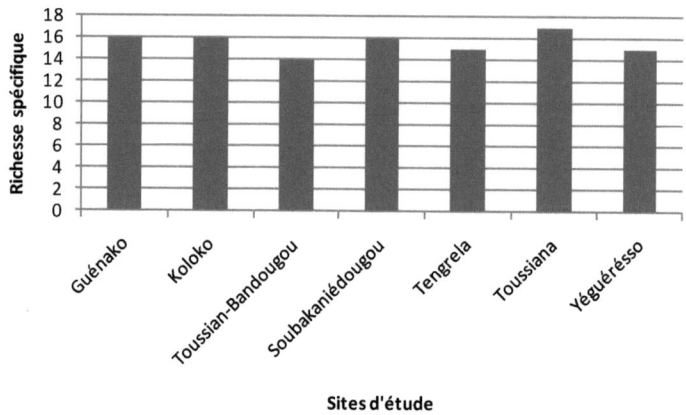

Figure 7 : Richesse spécifique des Tephritidae dans différents vergers de l'Ouest du Burkina Faso entre décembre 2007 et décembre 2009

❖ *Diversité spécifique*

Pour l'ensemble des sites, 117 775 individus ont été capturés dans le cadre de l'inventaire des espèces de Tephritidae présentes dans les vergers. Ces captures sont constituées de 51 261 mâles soit 43,52 % des captures et de 66 514 femelles soit 56,48 % de l'ensemble des individus. Les résultats quantitatifs (Annexe 3) montent la présence de deux espèces dominantes qui représentent environ 89% des Tephritidae capturées. Il s'agit de *C. cosyra* avec 62 442 individus (53,02%) et *B. invadens* avec 42 628 individus (36,19%). Parmi les autres espèces identifiées (16), seules 3 possèdent une proportion supérieure à 1% dans l'ensemble des captures. Il s'agit de *C. silvestrii* (3,90%), *D. vertebratus* (3,50%) et *C. fasciventris* (1,01%).

L'analyse de la diversité spécifique montre de faibles valeurs des indices de diversité de Shannon-Wienner (H) et d'équitabilité de Pielou (E) (Tableau 3). Le premier varie entre 0,97 pour le site de Koloko et 1,57 pour le site de Yéguérésso et le second compris entre 0,34 pour Koloko et 0,55 pour Yéguérésso.

Tableau 3 : Indices de diversité biologique des Tephritidae pour les différents sites d'étude.

Localités	Indices de Shannon-Wienner (H')	Indice d'équitabilité de Piélou (E)
Guénako	1,02	0,35
Koloko	0,97	0,34
Soubaka	1,26	0,43
T. Bandougou	1,02	0,35
Tengrela	1,32	0,46
Toussiana	0,99	0,34
Yéguérésso	1,57	0,54

NB : L'indice de diversité de Shannon-Wienner varie entre 0 et Ln(S) = 2,89 et l'indice d'équitabilité (E) entre 0 et 1

Source : Observations sur le terrain O.S. Nafiba

La comparaison des indices de Shannon-Wienner des différents sites d'étude par le test t de Student (Tableau 4) montre qu'il n'existe pas de différences significatives de la diversité spécifique entre les différents sites d'étude.

Tableau 4 : Résultats du Test de comparaison de Student entre les indices de Shannon-Wienner des différents sites d'étude.

Localités comparées	Valeurs de la Probabilité (P)	Valeurs du t de Student (*)
Guénako vs Koloko	0,94	5,51
Guénako vs Soubakaniédougou	0,73	15,07
Guénako vs Toussian-Bandougou	1,00	0,27
Guénako vs Tengrela	0,68	18,50
Guénako vs Toussiana	0,96	3,13
Guénako vs Yéguérésso	0,45	39,61
Koloko vs Soubakaniédougou	0,68	20,95
Koloko vs Toussian-Bandougou	0,94	5,69
Koloko vs Toussiana	0,97	2,99
Koloko vs Tengrela	0,62	24,56
Koloko vs Yéguérésso	0,41	51,05
Toussian-Bandougou vs Soubakaniédougou	0,73	15,83
Toussian-Bandougou vs Toussiana	0,96	3,07
Toussian-Bandougou vs Tengrela	0,67	19,34
Toussian-Bandougou vs Yéguérésso	0,45	41,72
Soubakaniédougou vs Toussiana	0,69	18,91
Soubakaniédougou vs Tengrela	0,93	3,27
Soubakaniédougou vs Yéguérésso	0,67	18,58
Toussiana vs Tengrela	0,64	22,52
Toussiana vs Yéguéresso	0,42	47,70

Observations sur le terrain O.S. Nafiba

*Les valeurs de t dont la probabilité est supérieure à 0,05 ne différèrent pas significativement Source :

L'analyse de la diversité spécifique montre ainsi que les différentes espèces de Tephritidae dans la zone de l'étude contribuent de façon inégale à la constitution des communautés de Tephritidae dans chaque site. *C. cosyra* et *B. invadens* sont les espèces fortement dominantes et ce, quelle que soit la communauté considérée.

4.1.1.2. Diversité Bêta

Les communautés de Tephritidae des différents sites d'étude présentent de très grandes similitudes (Tableau 5) avec de nombreuses espèces communes. Les sites de Koloko et Tengrela présentent la plus faible similitude avec un indice de Sorensen de 0,60 et un coefficient de similitude (Indice de Jacquard) de 42,86%. La plus grande similitude a été notée entre les sites de Guénako et de Soubakaniédougou (Indice de Sorensen = 1, Indice de Jacquard de 100%). Sur les 18 espèces recensées, 10 sont couramment rencontrées dans tous les sites et 6 le sont dans au moins 5 des 7 sites d'étude. Les espèces les moins fréquemment rencontrées sont *C. anonae* et *D. langii* rencontrées respectivement dans 1 et 3 des 7 sites d'étude (Annexe 3). Ces résultats traduisent l'homogénéité des communautés de Tephritidae dans les vergers de manguiers de l'Ouest du Burkina.

Tableau 5 : Indices de diversité bêta des Tephritidae dans les vergers de manguiers de l'Ouest du Burkina.

Localités comparées	Indices de diversité de Sorensen	Coefficients de Similarité de Jaccard
Guénako vs Koloko	0,97	93,75
Guénako vs Soubakaniédougou	1,00	100,00
Guénako vs Toussian-Bandougou	0,80	66,67
Guénako vs Tengrela	0,84	72,22
Guénako vs Toussiana	0,91	83,33
Guénako vs Yéguérésso	0,90	82,35
Koloko vs Soubakaniédougou	0,77	63,16
Koloko vs Toussian-Bandougou	0,76	61,11
Koloko vs Toussiana	0,69	52,38
Koloko vs Tengrela	0,60	42,86
Koloko vs Yéguérésso	0,73	57,89
Toussian-Bandougou vs Soubakaniédougou	0,67	50,00
Toussian-Bandougou vs Toussiana	0,71	55,00

Source : Observations sur le terrain O.S. Nafiba

Tableau 5 *(Suite)* : Indices de diversité bêta des Tephritidae dans les vergers de manguiers de l'Ouest du Burkina.

Localités comparées	Indices de diversité de Sorensen	Coefficients de Similarité de Jaccard
Toussian-Bandougou vs Tengrela	0,62	45,00
Toussian-Bandougou vs Yéguérésso	0,76	61,11
Soubakaniédougou vs Toussiana	0,91	83,33
Soubakaniédougou vs Tengrela	0,77	63,16
Soubakaniédougou vs Yéguérésso	0,77	63,16
Toussiana vs Tengrela	0,81	68,42
Toussiana vs Yéguérésso	0,81	68,42

Source : Observations sur le terrain O.S. Nafiba

4.1.1.3. Espèces dominantes

Deux espèces de Tephritidae dominent les captures dans les pièges à attractif alimentaire utilisés. Il s'agit de *B. invadens* et de *C. cosyra* qui représentant respectivement 36,2% et 53,02% du nombre total d'individus capturés dans ces pièges.

❖ ***Bactrocera invadens* Drew Tsuruta & White (Photo 9)**

Espèce exotique en Afrique récemment décrite par Drew *et al.* (2005) *B. invadens*, probablement originaire du Sri Lanka (Asie), a été signalée pour la première fois en Afrique en 2003 au Kenya d'où elle a connu une très grande expansion se retrouvant aussi bien en Afrique de l'Est (Mwatawala *et al.*, 2006), qu'en Afrique de l'Ouest (Vayssières *et al*, 2008 b). Espèce multivoltine, les femelles pondent en moyenne 700 œufs et les adultes peuvent vivre environ 3 mois (Ekesi *et al.*, 2006). Espèce très polyphage, *B. invadens* s'attaque à plus d'une trentaine d'espèces fruitières aussi bien cultivées que sauvages dont le manguier, *Mangifera indica,* qui est un hôte primaire (Mwatawala *et al.*, 2006). Au Bénin, une quarantaine d'hôtes ont été répertoriés (Vayssières *et al,* 2010 b). Les potentialités invasives de cette espèce exotique sur d'autres continents (néarctique) sont une menace permanente (De Meyer *et al.*, 2010).

❖ *Ceratitis cosyra* **(Walker) (Photo 10)**

Encore appelée mango fruit fly, marula fruit fly ou marula fly, *Ceratitis cosyra* est une espèce afro-tropicale rencontrée dans toute l'Afrique sub-saharienne jusqu'en Afrique du Sud et à Madagascar (Carroll *et al.* 2002). Elle est l'espèce dominante des cératites dans les vergers de manguiers en Afrique de l'Ouest (Vayssières *et al*, 2008 c). Espèce multivoltine, elle est polyphage et cause des dégâts importants sur *Mangifera indica* ainsi que sur de nombreuses autres espèces fruitières cultivées ou sauvages (Ekesi *et al.*, 2006 ; Mwatawala *et al*, 2009 ; Vayssières *et al*, 2009 c).

4.1.1.4. Autres espèces

Comme nous l'avons signalé précédemment, 16 autres espèces de Tephritidae ont été recensées cours de cette étude (Annexe 3). Parmi elles, seules 3 espèces décrites ci-dessous représentent plus de 1% des captures.

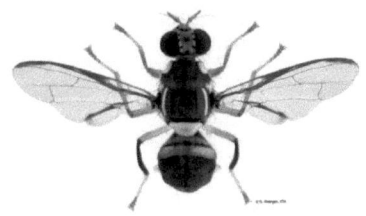
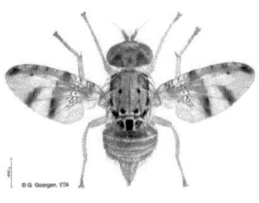

Photo 9 : *Bactrocera invadens*   **Photo 10 :** *Ceratitis cosyra*

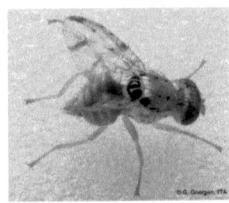

Photo 11 : *Ceratitis silvestrii*   **Photo 12 :** *Ceratitis fasciventris*

Photo 13 : *Ceratitis quinaria*

Photo 9 à 13: G. Gorgen

❖ *Ceratitis silvestrii* **Bezzi (Photo11)**

Couramment rencontrée en Afrique de l'Ouest, *C. silvestrii* est une espèce afro-tropicale (Carroll *et al.* 2002). Espèce oligophage, elle s'attaque à *Mangifera indica* et à d'autres plantes cultivées et sauvages (Ekesi *et al.*, 2006).

❖ *Ceratitis fasciventris* **(Bezzi) (Photo 12)**

Espèce afro-tropicale, *C. fasciventris* est présente dans les pays d'Afrique de l'Ouest, du Centre et de l'Est (Vayssières *et al*, 2008 c). Différente de *C. rosa* (De Meyer, 2001), *C. fasciventris* est une espèce polyphage qui occasionne des dégâts au niveau de la mangue et d'autres espèces fruitières cultivées et sauvages (Vayssières *et al*, 2009 c).

❖ *Dacus vertebratus* **Bezzi**

Egalement appelé Jointed pumpkin fly, c'est une espèce afro-tropicale présente en Afrique de l'Ouest, du Centre, en Afrique de l'Est ainsi qu'en Afrique du Sud et à Madagascar de même qu'en Asie au Yémen (Carroll *et al.* 2002). *D. vertebratus* s'attaque à toutes les espèces de Cucurbitacées aussi bien cultivées que sauvage (Bordat et Arvanitakis, 2004) mais aussi au manguier qui est un hôte mineur (Vayssières *et al*, 2009 a).Sa présence est signalée dans les Cucurbitaceae près des vergers de manguier au Mali (Vayssières *et al*, 2004).

4.1.1.5. Espèces rares

Treize espèces de Tephritidae sont rencontrées dans les vergers à proportions inférieures à 1% des captures et désignées comme espèces rares dans cette étude. Six d'entre elles que sont *C. anonae*, *C. bremii*, *C. capitata*, *C. ditissima*, *C. punctata* et *C. quinaria* (photo 13) appartiennent à la tribu des Ceratidini. Les sept autres, *B. cucurbitae* (the Melon fly), *D. bivittatus*, *D. ciliatus*, *D. langii*, *D. longistylus*, *D. pleuralis* et *D. punctatifrons* sont de la tribu des Dacini. *C. capitata* (the Med fly), est une espèce cosmopolite qui a la plus grande gamme de plantes hôtes (Carroll *et al.* 2002) avec plus de 200 espèces.

4.1.1.6. Discussion

❖ *Diversité Alpha*

- Richesse spécifique

Cette étude qui montre la présence de 18 espèces de Tephritidae dans les vergers de manguiers de l'Ouest du Burkina Faso est la première réalisée dans ce pays. Parmi ces espèces, quatre (*B. invadens, C. cosyra, C. silvestrii* et *C. quinaria*) ont déjà été signalées à partir de mangues infestées. La diversité floristique dans les vergers (plantes adventices) et leur périphérie qui offre une variété de plantes hôtes (ressources) exploitables par les Tephritidae, explique cette richesse spécifique élevée (Vayssières *et al*, 2009). La présence des cucurbitacées sauvages et cultivées dans la flore adventice et dans les jardins maraîchers à proximité des vergers, explique la présence des espèces inféodées aux légumes comme *B. cucurbitae* et *D. vertebratus* (De Meyer, 2001) dans les vergers de manguiers. L'origine afro-tropicale des cératites et leur adaptation aux conditions sèches (Carroll *et al.* 2002) expliquent la plus grande richesse spécifique de ce genre. Des inventaires réalisés au Nord Bénin et au Mali dans des conditions similaires à la zone couverte par cette étude, révèlent une aussi grande diversité que celle notée au cours de cette étude (Vayssières *et al*, 2009). En Côte d'Ivoire et en Tanzanie, par contre, une grande diversité de Tephritidae a été observée en relation sans doute, avec la plus grande diversité des plantes hôtes cultivées dans ces zones d'étude (Mwatawala *et al.* 2006). La faible diversité des plantes hôtes de Tephritidae dans les zones d'étude au Nigeria et au Togo pourrait à l'inverse expliquer la faible diversité des Tephritidae notée (Umeh *et al.* 2008). En relevant une diversité des Tephritidae dans les vergers de manguiers de l'Ouest du Burkina Faso, cette étude souligne la nécessité de déterminer l'importance économique de chacune de ces espèces dans la production de mangues.

- Diversité spécifique

C. cosyra et *B. invadens* sont les espèces dominantes dans la zone d'étude. Le développement des populations des espèces de Tephritidae dépend des conditions de l'environnement (température et humidité), de la disponibilité des ressources (plantes hôtes) et de leur adéquation avec les besoins des espèces (Raghu, 2002). L'abondance du manguier qui est un des hôtes principaux de *C. cosyra* dans la zone d'étude et l'adaptation de cette espèce aux conditions environnementales de cette zone (Carroll *et al.* 2002) favorisent le développement de sa population d'où son abondance dans les captures. Pour *B. invadens* sa polyphagie et sa capacité de reproduction élevée (Vayssières *et al*, 2009d) sont des facteurs favorables au développement de sa population. Si les espèces dominantes relevées par ce travail sont les mêmes que celles observées au Nord et centre du Bénin (Vayssières *et al*, 2009a), il n'en est pas de même dans les études réalisées en Côte d'Ivoire, au Nigeria, au Togo, et en Tanzanie (Ossey *et al.* (2009) ; Umeh *et al.* (2008) ; Amévoin *et al.* (2009) ; Mwatawala *et al.* (2006)). Ces travaux montrent qu'à l'opposé de *B. invadens, C. cosyra* n'a pas le statut d'espèce dominante dans les zones d'étude concernées. Ces différences s'expliquent par la variation des conditions climatiques et de la diversité des plantes hôtes dans les zones étudiées. En effet, la présente étude a été conduite dans une zone plus sèche où le manguier est le principal arbre fruitier cultivé favorable au développement de *C. cosyra* (Vayssières *et al*, 2009 a).

❖ **Diversité bêta**

La forte similarité des communautés de Tephritidae entre les différents sites est à mettre en relation avec l'homogénéité des conditions climatiques et de la végétation dans la zone d'étude (Lerebours et Ménager, 2005) qui favorise le développement des mêmes espèces dans les différents sites. L'existence d'espèces peu communes aux différents sites comme *C. anonae et D. langi* s'explique par l'incapacité de ces espèces à exploiter avantageusement les ressources disponibles. En effet, *C. anonae* aurait une plus grande importance en tant que ravageur de la mangue dans les zones soudaniennes plus humides que dans les zones sahéliennes (Noussourou et Diarra, 1995) L'homogénéité des communautés de Tephritidae dans les vergers de manguiers de l'Ouest du Burkina soutient la possibilité de développer pour toute la zone, une stratégie unique de lutte contre les Tephritidae ravageurs du manguier.

4.1.2. Fluctuation des populations des principales espèces de Tephritidae

Le dispositif de piégeage mis en place dans le cadre de cette étude, a permis de capturer et d'identifier 1 156 598 individus comprenant 18 espèces entre décembre 2007 et décembre 2009. Au cours de l'année 2008, 588 151 Tephritidae toutes espèces confondues ont été capturées au contre 568 447 en 2009.

Les pièges à paraphéromones sexuelles ont permis de capturer 1 145 476 Tephritidae mâles dans la zone de l'étude au cours de la période de suivi. Ces individus se répartissent en 8 espèces : *B. invadens* 73,39%, *C. cosyra* 20,21%, *C. silvestrii* 5,37%, *C. quinaria* 0,83%, *C. fasciventris* 0,19%, *C. puntata* 0,01%, *C. bremii* 0,001% et *C. capitata* 0, 001%.

Un total de 66 514 Tephritidae femelles comprenant 17 espèces ont été capturées dans les pièges avec attractif alimentaire au cours du suivi effectué dans l'ensemble de la zone de l'étude (Annexe 3). Deux de ces espèces représentent 90% des captures. Il s'agit de *C. cosyra* et *B. invadens* qui représentent respectivement 58% et 32% des femelles capturées.

Le relevé hebdomadaire des pièges a permis de connaître les variations du niveau des populations de ces espèces que nous présenterons dans les paragraphes qui suivent en distinguant les fluctuations des populations de mâles de celles des femelles. En effet, il est difficile de comparer les densités de populations des deux sexes, les techniques de piégeage utilisées étant différentes (cf. matétiel et methodes). Cette présentation se focalisera sur les 2 espèces dominantes *B. invadens* et *C. cosyra* qui constituent 95% de l'ensemble des captures réalisées.

4.1.2.1. Fluctuations des populations de *B. invadens*

❖ *Populations de mâles*

Les graphiques de la planche 1, 2 et 3 montrent l'évolution des captures au niveau des différents sites. Quel que soit le site étudié, on observe un seul pic d'éclosion de mâles au cours de l'année. Pour les vergers des provinces de la Comoé (Planche 2) et du Houet (Planche 3), les populations de mâles présentent un pic toujours après la période de fructification des mangues au cours des mois de juin à septembre. Les niveaux de population sont cependant très différents selon les sites : ainsi à Toussiana, un pic avec 3 887 individus mâles a été observé la dernière semaine de juin alors que le maximum capturé en une semaine à Yegueresso est inférieur à 800 individus. En ce qui concerne les sites de la province du Kénédougou (Génako, Koloko et Toussian-Bandougou) (planche 1), d'importantes populations de mâles sont déjà présentes en mai soit en pleine période de fructification. Pour les 3 sites les niveaux de capture sont du même ordre avec un taux maximal moyen de 2 550 adultes /semaine obtenus en juin.

❖ *Populations de femelles*

Compte tenu de la différence de technique de piégeage, le nombre d'individus femelles récolté est très inférieur à celui des mâles puisque le maximum moyen obtenu sur une semaine est de ± 60 mouches. Les fluctuations des populations femelles de cette espèce sont présentées par les graphiques des planches 4, 5 et 6 qui montrent l'évolution des captures effectuées tout au long de cette étude. L'allure générale de ces courbes diffère de celles représentant les fluctuations des mâles.

Cette différence est particulièrement marquée pour les vergers de la Comoé et du Houet qui présentent 2 phases de croissance des populations aboutissant à 2 pics de captures dans l'année. La première phase va de décembre à janvier de l'année suivante se prolongeant parfois jusqu'au mois de février comme à Soubakaniédougou. La deuxième phase de croissance des populations de femelles s'étale de juin à août. Les captures sont donc quasi nulles entre octobre et décembre.

Pour les vergers de la province du Kénédougou, comme pour les mâles, on n'observe qu'un seul pic d'éclosions sensiblement à la même période soit de mai à août.

Planche 1 : Fluctuation des populations mâles de *B. invadens* dans les sites du Kénédougou

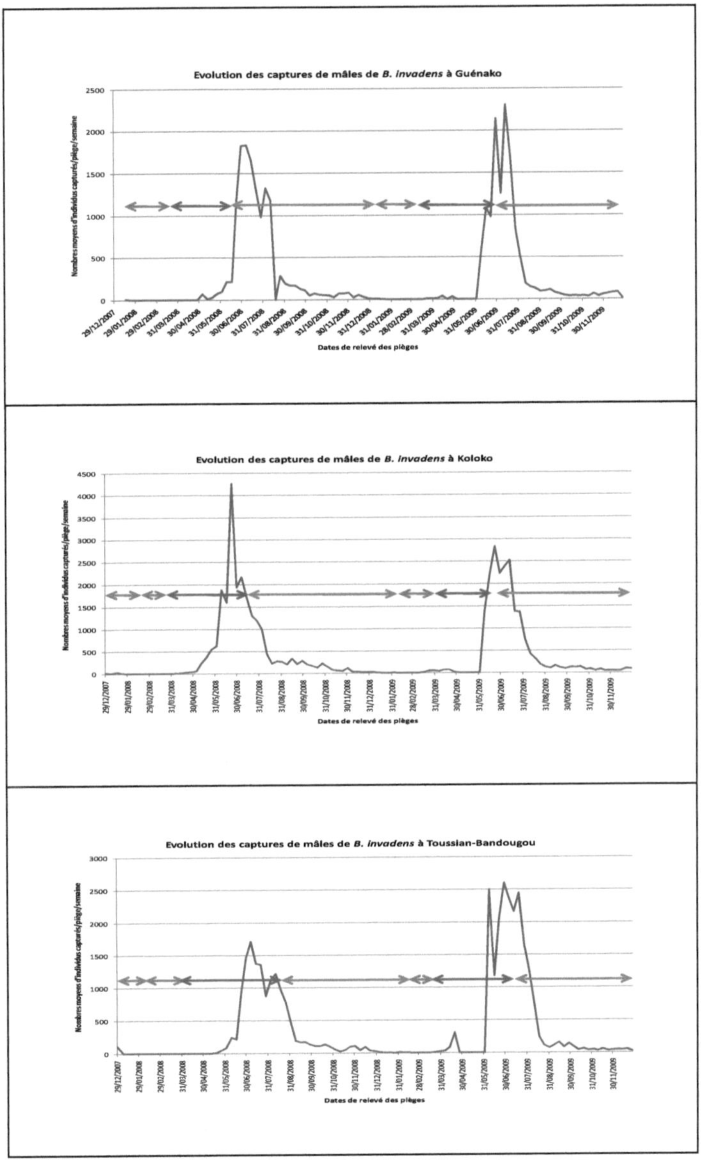

Légende des stades phénologiques

⟷ : Stade Végétatif   ⟷ : Stade floraison   ⟷ : Stade Fructification

Planche 2 : Fluctuation des populations mâles de *B. invadens* dans les sites de la Comoé

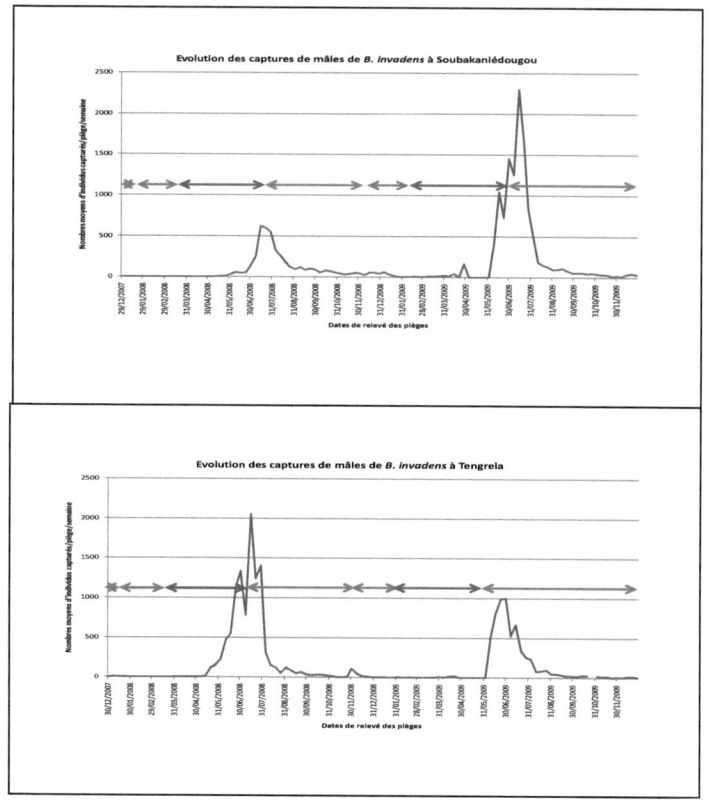

Légende des stades phénologiques

⬅➡ : Stade Végétatif

⬅➡ : Stade floraison

⬅➡ : Stade Fructification

Planche3 : Fluctuation des populations mâles de *B. invadens* dans les sites du Houet

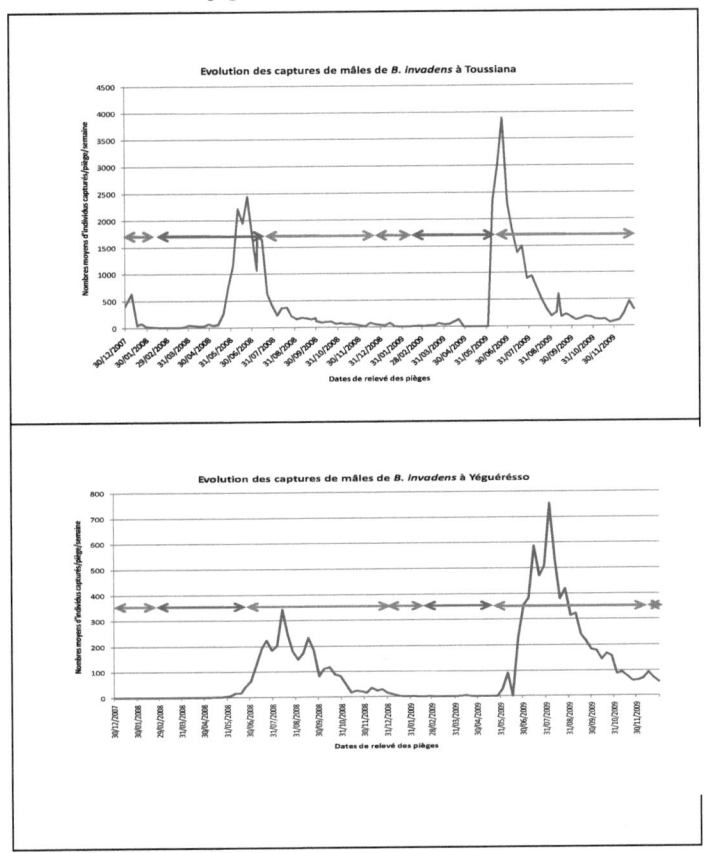

Légende des stades phénologiques

⬌ : Stade Végétatif

⬌ : Stade floraison

⬌ : Stade Fructification

Planche 4 : Fluctuation des populations femelles de *B. invadens* dans les sites du Kénédougou

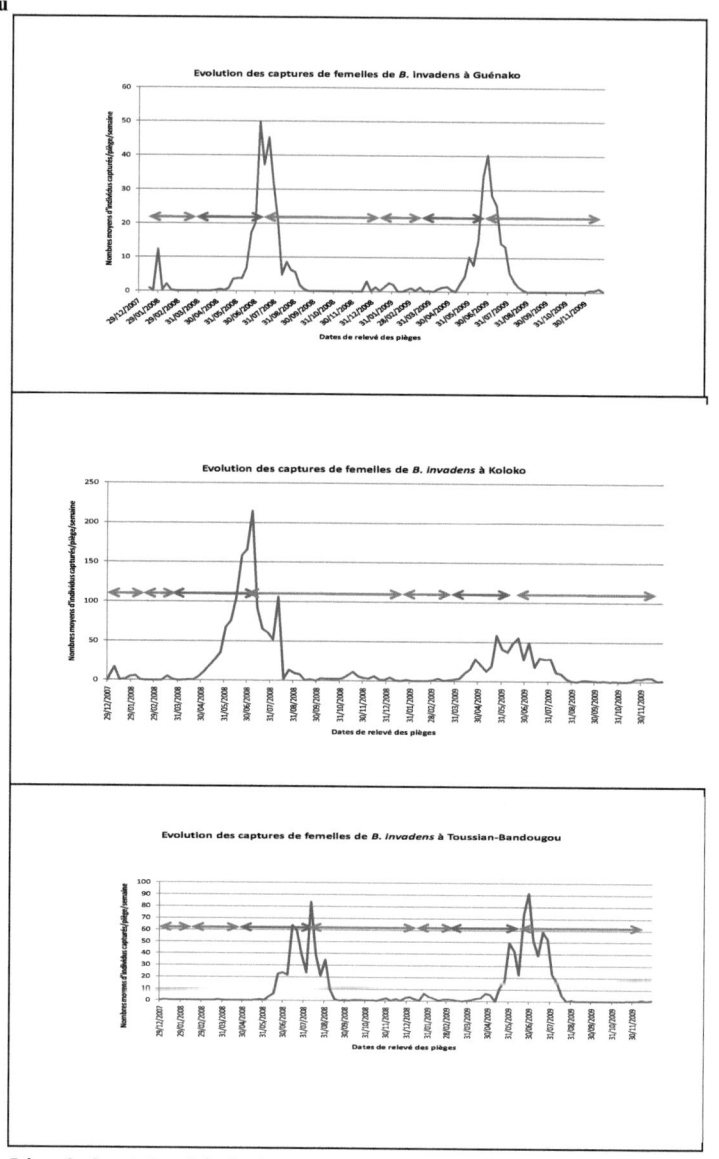

Légende des stades phénologiques

⟷ : Stade Végétatif   ⟷ : Stade floraison   ⟷ : Stade Fructifica-

Planche 5 : Fluctuation des populations femelles de *B. invadens* dans les sites de la Comoé

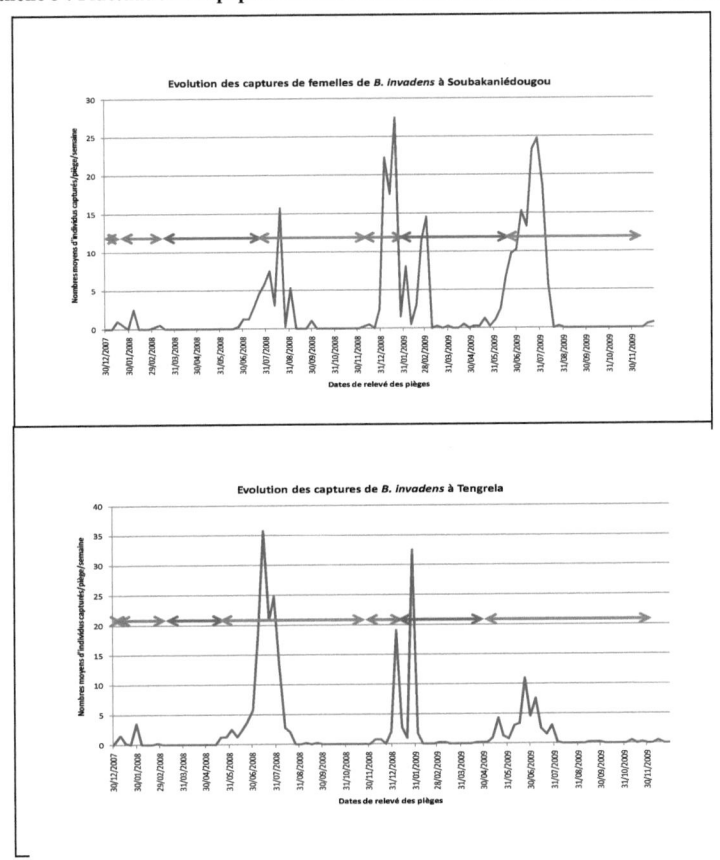

Légende des stades phénologiques

⟵⟶ : Stade Végétatif

⟵⟶ : Stade floraison

⟵⟶ : Stade Fructification

Planche 6 : Fluctuation des populations femelles de *B. invadens* dans les sites du Houet

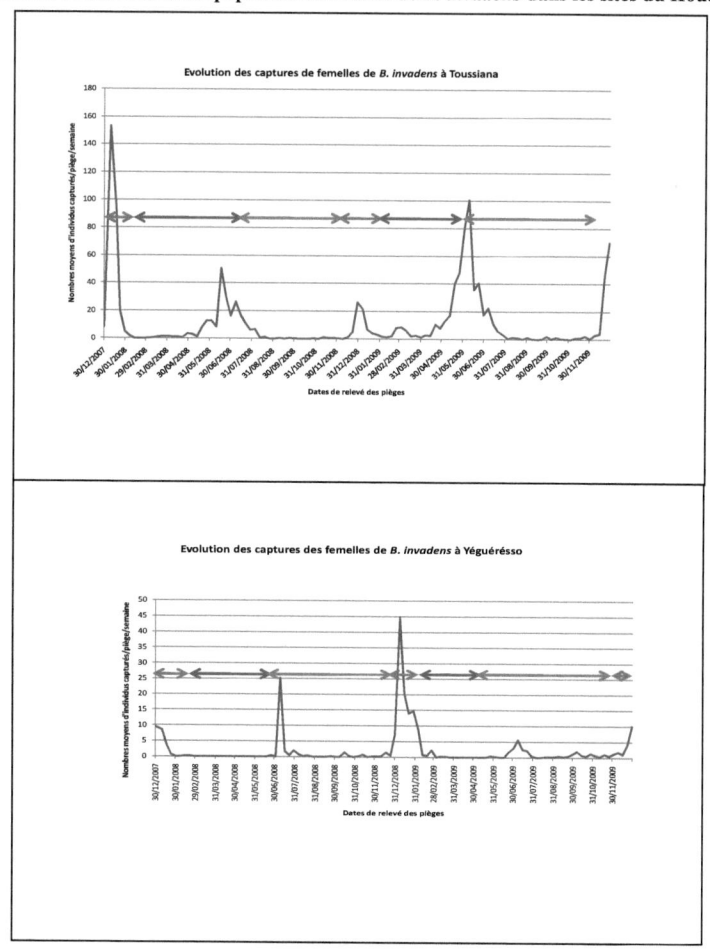

Légende des stades phénologiques

⟵⟶ : Stade Végétatif

⟵⟶ : Stade floraison

⟵⟶ : Stade Fructification

4.1.2.2. Fluctuations des populations de *C. cosyra*

❖ *Populations de mâles*

Les niveaux d'individus capturés sont, globalement inférieurs à ceux obtenus pour *B. invadens*, avec cependant un maximum de 2109 individus capturés en une semaine à Toussiana en mai 2008.

Dans les 3 sites de la province du Kénédougou (Planche 7), les profils de capture sont très voisins, avec une croissance de la population dès le mois d'avril, donc pendant la fructification des mangues, qui se poursuit jusqu'à fin août avec des maxima de capture en mai-juin. Il est intéressant de noter que le niveau des captures est très différent entre les 2 années : en 2008 on obtient entre 500 et 100 individus capturés par semaine en juin, alors qu'en 2009 les effectifs à la même période et dans les mêmes conditions ne dépassent pas 200.

Sur les autres sites étudiés (Planches 8 et 9), les fluctuations de population sont beaucoup plus étalées dans le temps. On observe cependant un niveau de population plus important de mars à juin, les maxima étant obtenus en mai. Entre juin 2008 et mars 2009, les captures ont rarement été nulles indiquant que la population persiste toute l'année dans la zone même si le niveau de population reste peu élevé. Il faut noter qu'à Yegueresso, des *C. cosyra* ont été capturés régulièrement de décembre 2007 à juillet 2008 puis de novembre 2008 à juillet 2009, indiquant une longue période d'activité de ces mouches sur ce site.

❖ *Populations de femelles*

On retrouve pour la population femelle des profils de fluctuations de populations proches de celles des mâles bien que moins réguliers. Pour les 3 vergers de la province du Kénédougou, (Planche 10) on retrouve la forte différence de niveau des populations entre juin 2008 et juin 2009, déjà notée pour les mâles. Il apparaît un pic secondaire en janvier-février qui n'existait pas dans cette zone pour *B. invadens*.

Comme pour les mâles, les fluctuations des populations de femelles dans les 4 autres sites (Planches 11 et 12) sont peu régulières d'une année à l'autre comme d'un site à l'autre. En 2008, seul le site de Toussiana a présenté un net pic de populations de mars à juin, en 2009 les captures ont été conséquentes de décembre à mars sur tous les sites mais il n'y a que sur Toussiana que des femelles ont été capturées jusqu'en juin.

Planche 7 : Fluctuation des populations mâles de *C. cosyra* dans les sites du Kénédougou

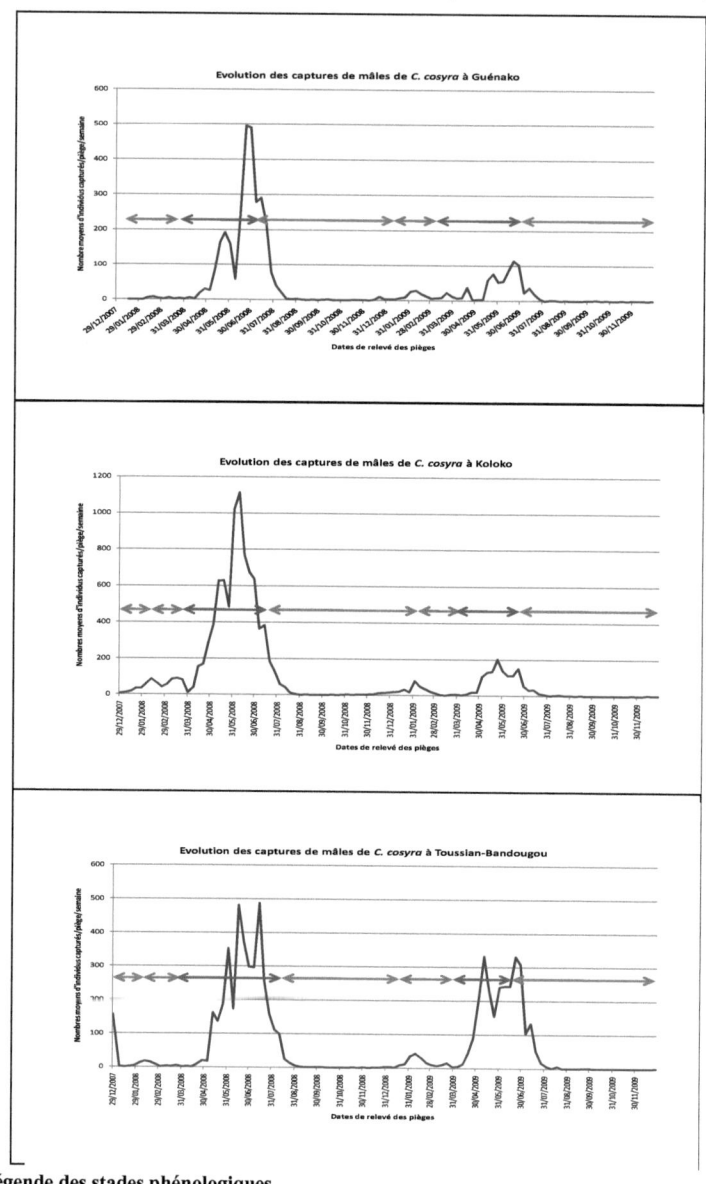

Légende des stades phénologiques

⟵⟶ : Stade Végétatif   ⟵⟶ : Stade floraison   ⟵⟶ : Stade Fructification

Planche 8 : Fluctuation des populations mâles de *C. cosyra* de la Comoé

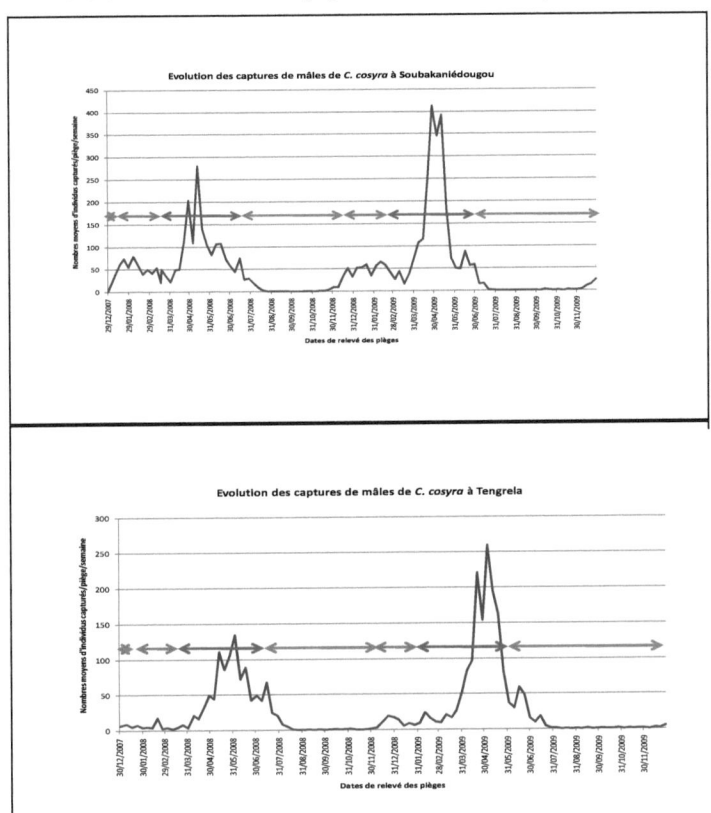

Légende des stades phénologiques

⟵⟶ : Stade Végétatif

⟵⟶ : Stade floraison

⟵⟶ : Stade Fructification

Planche 9 : Fluctuation des populations mâles de *C. cosyra* dans les sites du Houet

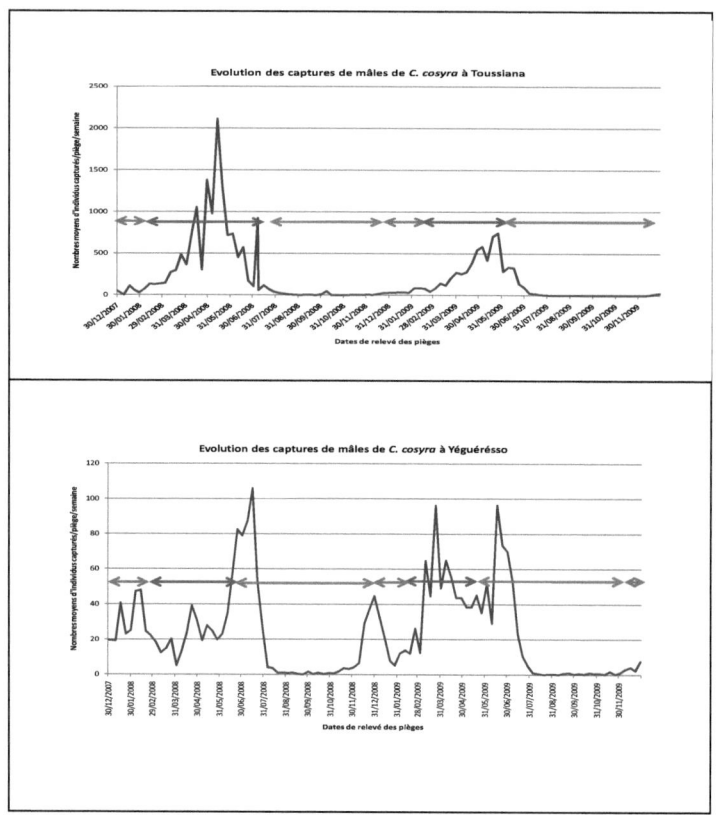

Légende des stades phénologiques

⟷ : Stade Végétatif

⟷ : Stade floraison

⟷ : Stade Fructification

Planche 10 : Fluctuation de captures des femelles de *C. cosyra* dans les sites du Kénédougou

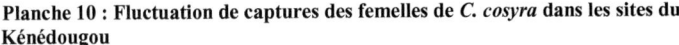

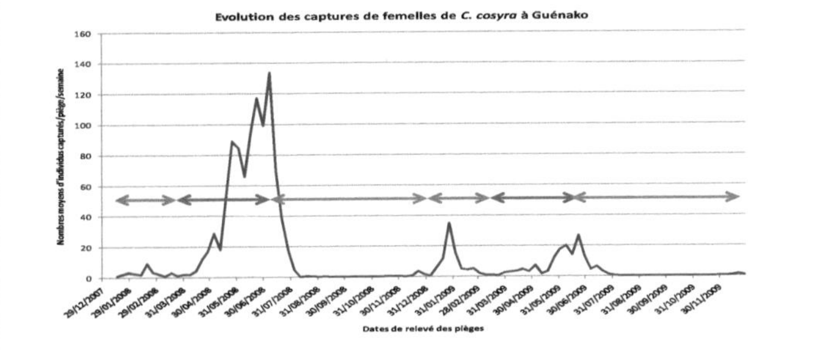

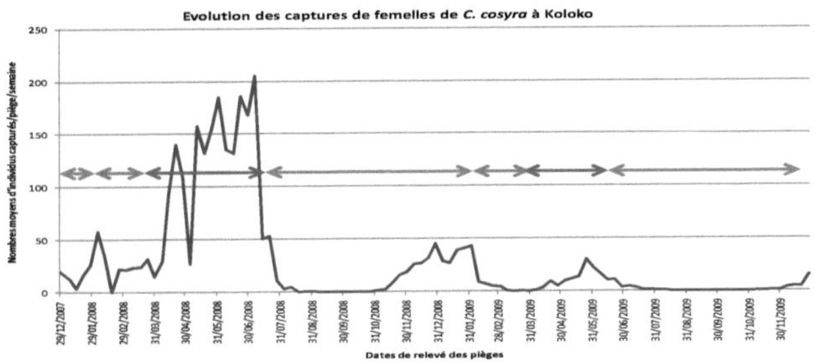

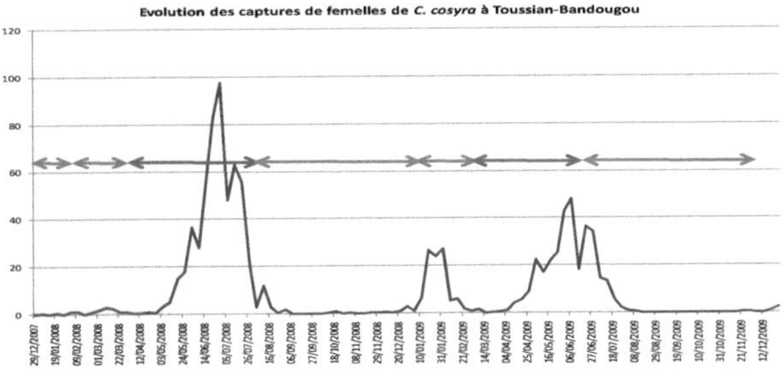

Légende des stades phénologiques

⟵⟶ : Stade Végétatif   ⟵⟶ : Stade floraison   ⟵⟶ : Stade Fructification

Planche 11 : Fluctuation des populations mâles de *C. cosyra* dans les sites de la Comoé

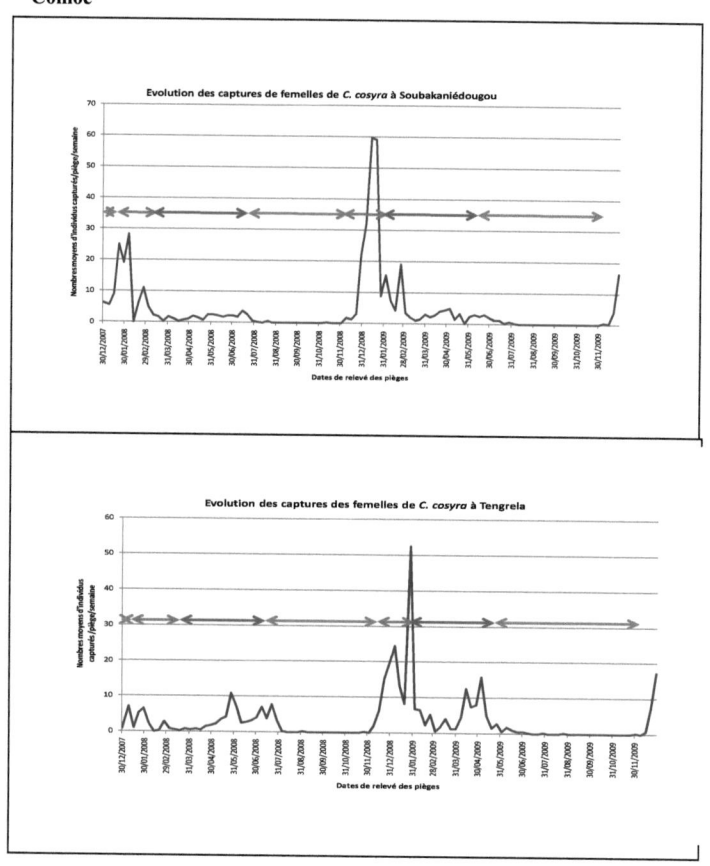

Légende des stades phénologiques

⟷ : Stade Végétatif

⟷ : Stade floraison

⟷ : Stade Fructification

Planche 12 : Fluctuation des populations mâles de *C. cosyra* dans les sites du Houet

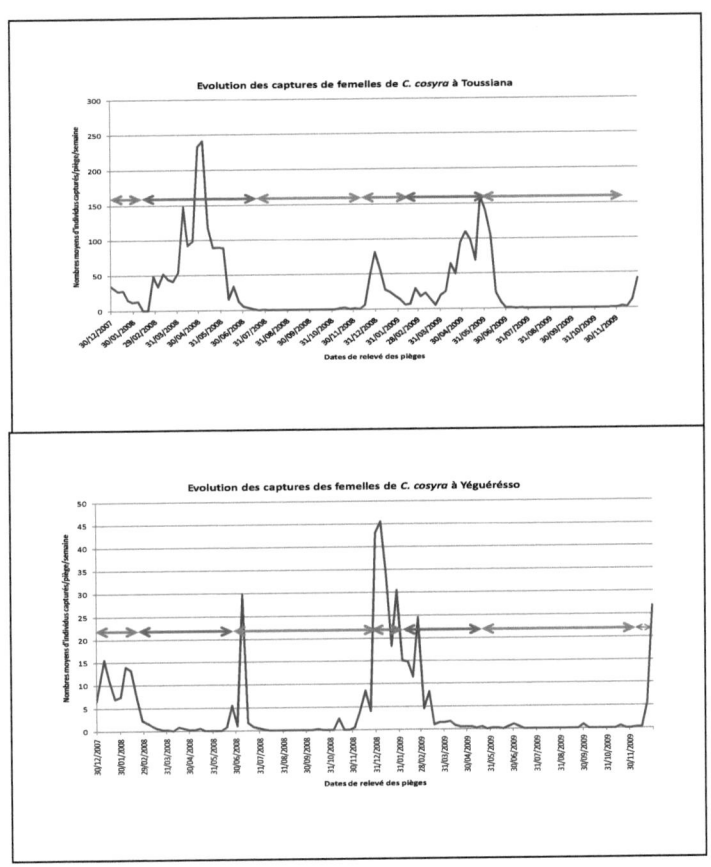

Légende des stades phénologiques

⟷ : Stade Végétatif

⟷ : Stade floraison

⟷ : Stade Fructification

4.1.2.3. Influence des facteurs abiotiques sur les fluctuations de populations

❖ *La température*

Pour l'ensemble de la zone d'étude et pour toute la période de suivi, l'analyse de corrélation de Pearson révèle que la corrélation entre les températures et les captures des mâles et femelles de *B. invadens* et *C. cosyra* n'est pas toujours significative (Tableau 6).

Pour *B. invadens,* les corrélations sont significatives entre les captures des mâles et des femelles avec les températures enregistrées sauf pour ce qui est de la capture des femelles avec les températures minimales. Ces corrélations sont négatives pour les températures maximales et moyennes indiquant que de fortes températures diminuent le développement des populations de cette espèce.

Les captures des mâles et femelles de *C. cosyra* sont significativement influencées par les températures minimales (pour les mâles $r = 0,090$ $p < 0,0001$; pour les femelles $r = -0,020$, $p = 0,318$) par contre il n'y a pas de corrélations significatives entre les températures maximales et le niveau des populations. Les températures moyennes quand à elles n'influencent significativement que les captures des mâles de cette espèce ($r = 0,116$, $p < 0,0001$).

Les températures maximales ont une influence significative positive sur les captures des mâles ($r = 0,200$, $p < 0,0001$) et femelles ($r = 0,057$, $p = 0,004$) de *C. silvestrii* à l'opposé des températures minimales qui ne présentent aucune influence significative. Les températures moyennes quant à elles n'influencent significativement que les captures des mâles de cette espèce ($r = 0,153$, $p < 0,0001$).

Tableau 6: Résultats de l'analyse de corrélation entre les températures et les captures des mâles et femelles des 3 principales espèces de Tephritidae des vergers de manguiers de l'Ouest du Burkina Faso entre mars 2008 et décembre 2009.

Espèces suivies		Coefficients de corrélation (r) et valeurs de la probabilité (p) au seuil de 5%		
		Températures minimales	Températures maximales	Températures moyennes
B. invadens	Mâles	r = 0,058	r = -0,268	r = -0,080
		p = 0,004	p < 0,0001	p < 0,0001
B. invadens	Femelles	r = -0,007	r = -0,149	r = -0,059
		p = 0,709	p < 0,0001	p = 0,003
C. cosyra	Mâles	r = 0,090	r = -0,007	r = 0,116
		p < 0,0001	p = 0,704	p < 0,0001
C. cosyra	Femelles	r = -0,020	r = 0,016	r = 0,022
		p = 0,318	p = 0,411	p = 0,268

Source : Observations sur le terrain O.S. Nafiba

❖ *L'humidité relative*

Les résultats de l'analyse de corrélation entre les captures de mâles et de femelles de *B. invadens* et *C. cosyra* et l'humidité relative (Tableau 7) montrent que les fluctuations de population de ces 2 espèces sont significativement corrélées à ce facteur climatique sauf les femelles de *C. cosyra* pour lesquelles seules les H.R. minimales présentent une corrélation significative. La corrélation entre l'H.R. et les fluctuations de population de ces différentes espèces est positive. Quelle que soit l'espèce, la relation est plus forte entre l'humidité relative et les populations des mâles qu'avec celles des femelles.

Tableau 7 : Coefficients de corrélation entre les captures des adultes des Tephritidae les plus abondantes et l'Humidité Relative de l'air dans les vergers de manguiers de l'Ouest du Burkina Faso entre Mars 2008 et décembre 2009.

Espèces suivies		Coefficients de corrélation et valeurs de la probabilité au seuil de 5%		
		Humidité Relative minimales	Humidité Relative maximales	Humidité Relative moyennes
B. invadens	Mâles	r = 0,295	r = 0,205	r = 0,351
		p= < 0,0001	p < 0,0001	p < 0,0001
B. invadens	Femelles	r = 0,187	r = 0,077	r = 0,159
		p < 0,0001	p < 0,0001	p < 0,0001
C. cosyra	Mâles	r = 0,160	r = 0,054	r = 0,082
		p < 0,0001	p = 0,006	p < 0,0001
C. cosyra	Femelles	r = 0,098	r = -0,025	r = 0,008
		p < 0,0001	p = 0,212	p = 0,678

Source : Observations sur le terrain O.S. Nafiba

❖ **La pluviométrie**

Pour les 2 espèces les plus abondamment rencontrées dans la zone d'étude, l'analyse de corrélation de Pearson montre l'existence de corrélations significatives entre les captures et les hauteurs de précipitations recueillies la semaine avant le relevé des pièges (Tableau 8). Ces corrélations sont positives pour B. invadens et négatives pour C. cosyra, indiquant que la pluie n'affecte pas de la même manière la biologie de ces deux espèces.

Tableau 8 : Coefficients de corrélation entre les captures des adultes des Tephritidae les plus abondantes et les cumuls pluviométriques hebdomadaires dans les vergers de manguiers de l'Ouest du Burkina Faso entre décembre 2007 et décembre 2009.

Espèces suivies		Coefficients de corrélation de Pearson au seuil de 5%
B. invadens	Mâles	r = 0,250
		p < 0,0001
B. invadens	Femelles	r = 0,091
		p < 0,0001
C. cosyra	Mâles	r = -0,037
		p = 0,044
C. cosyra	Femelles	r = -0,069
		p = 0,000

Source : Observations sur le terrain O.S. Nafiba

4.1.2.4. Discussion

❖ *Fluctuation des populations*

Au cours de cette étude, il a été observé de faibles captures de mâles et de femelles des principales espèces de Tephritidae dans les vergers entre janvier et mars dans les sites de la province du Kénédougou. Les pics de populations ont été notés au cours de la saison des mangues entre mai et juin. Pour les femelles, un autre pic au cours de la floraison souvent aussi important que celui noté pendant la saison des mangues est aussi observé sur certains sites. Après ces pics, le nombre d'individus capturés diminue rapidement.

La présence de pics saisonniers dans la fluctuation des populations de Tephritidae que nous avons observées correspond à ce qui est décrit dans la littérature à propos de l'écologie des Tephritidae. En effet, selon Bateman (1972) la plupart des Tephritidae ont des fluctuations d'abondance saisonnières caractérisées par des niveaux de populations élevés en été et faibles en hiver. Cette situation s'explique par des conditions climatiques (température et humidité) favorables à cette période ainsi qu'à la disponibilité des ressources alimentaires qui favorise leur reproduction avec une multiplication des générations (jusqu'à 6) qui se chevauchent (Bateman, 1972). Les périodes de pic de populations que nous avons notées (mai et juin) correspondent à la pleine saison de la mangue qui induit un grand nombre de fruits disponibles pour les larves. La maturation tardive des mangues dans la province du Kénédougou peut xspliquer une apparition retardée des pics de populations dans les vergers de cette province par rapport aux autres. Ces résultats sont cohérents avec les observations de Vayssières *et al.* (2009 d) dans les vergers de manguiers de la zone sahélienne d'Afrique de l'Ouest.

L'apparition chez les femmelles d'un pic de populations au moment de la floraison peut s'expliquer par la présence, dans les fleurs de manguiers, d'une kairomone qui attire les femelles de Tephritidae. Kawano, Mitchell et Matsumoto (1968) soulignent la présence, dans les fleurs de *Cassia fistula,* de méthyl eugénol puissant attractif de *D. invadens* entraînant des visites régulières des fleurs de cette plante par cette espèce de diptère. Selon Metcalf (1990), le méthyl eugénol est un produit naturel présent dans les plantes et largement distribué qui se retrouve dans les feuilles, fleurs et fruits d'au moins une dizaine de famille de plantes parmi lesquelles figure la famille des Anacardiacae incluant le manguier.

Dans les vergers de l'Ouest du Burkina Faso, le pic de *C. cosyra* précède celui de *B. invadens*. La première espèce atteint un pic de populations en mai pendant la saison sèche tandis que la deuxième a atteint le sien en juin période pendant laquelle la saison des pluies est installée dans la zone de l'étude. Le décalage de la période d'apparition des pics d'abondance de ces 2 espèces est donc en relation avec le changement des conditions climatiques. En effet, la campagne de récolte des mangues au Burkina Faso se déroule pendant une partie de la saison sèche (entre mars et mai) et une partie de la saison des pluies marquée par une forte humidité relative. Selon Vayssières *et al.* (2008 ;

2009), les espèces de cératites sont plus adaptées aux conditions sèches alors que *B. invadens* préfère des conditions plus humides.

En effectuant le suivi de la fluctuation d'abondance des population de ces 2 espèces majeures de Tephritidae, un décalage entre la période d'apparition des pics des vergers de la province du Kénédougou et celles des 2 autres provinces (Comoé et Houet) a été mis en évidence bien qu'elles leur appartiennent à la même zone agro écologique (Soudanienne). La collecte des données climatiques montre plus de similitude entre les vergers de la province du Kénédougou qu'avec ceux des autres provinces ce qui entraîne les mêmes différences dans la période de maturation des fruits de ces 2 grandes zones. En effet, Bess- Haramoto (1961) et Haramoto (1970) soulignent que même dans les zones où les variations climatiques au cours de l'année ne sont pas importantes, il existe un pic saisonnier des populations de Tephritidae beaucoup plus à cause de la disponibilité des plantes hôtes qu'a cause de l'effet d'un facteur climatique (température). Ainsi les fruits de la plante hôte principale (le manguier) étant disponible plus tard dans les vergers du Kénédougou que dans ceux de la Comoé et du Houet, les pics de Tephritidae y apparaissent plus tard.

Le travail que nous avons réalisé en permettant de connaître les fluctuations d'abondance des populations de *B. invadens* et *C. cosyra* dans les vergers manguiers de l'Ouest du Burkina Faso renforce les connaissances sur l'écologie de ces Tephritidae ravageurs. Par ailleurs, en mettant en évidence une abondance des femelles dans les vergers pendant la période de floraison, cette étude suggère la possibilité de réduire les populations de ces insectes pendant la période de maturation des mangues à travers des interventions ciblées à ce stade phénologique du manguier.

❖ *Influence des facteurs abiotiques sur les fluctuations d'abondance des populations de B. invadens et C. cosyra*

- La température

L'enregistrement de la température dans les différents sites d'étude pendant le suivi de la fluctuation d'abondance des populations des Tephritidae montre son influence significative sur les taux de captures des mâles et femelles de *B. invadens*. Pour cette espèce, les captures augmentent quand les températures moyennes diminuent. Pour *C. cosyra*, les variations des températures moyennes n'ont une influence significative que sur les captures de mâles qui augmentent en même temps que la température. Selon Bateman (1972), la température joue un rôle déterminant dans l'abondance des Tephritidae à travers ses effets sur les taux de développement, de mortalité et de fécondité de ces insectes. *B. invadens* est une espèce qui se développe dans des conditions de fortes humidités (Mwatawala *et al.*, 2006 a; Vayssières *et al.*, 2008 b; 2009 d). La diminution de l'humidité de l'air consécutive à l'augmentation de la température explique pourquoi l'augmentation des températures moyennes entraine une diminution des captures de *B. invadens*. En ce qui concerne *C. cosyra* qui est une espèce endémique à l'Afrique (Caroll *et al.* 2002) elle est bien adaptée aux conditions sèches qui prévalent en zone sahélienne (Vayssières *et al.* 2008 c), c'est pourquoi les valeurs de température n'ont pas de réelle influence sur les fluctuations d'abondance de ces populations. La grande variabilité intra et inter annuelle de la température dans la zone d'étude amène cependant à relativiser ce résultat. En effet, ces résultats montrent que selon le genre, l'effet de la température moyenne sur les captures de *C. cosyra* peut varier. La faiblesse des coefficients de corrélations dans les cas d'influence significative de la température sur les fluctuations de populations de Tephritidae montre l'existence d'autres facteurs influençant cette dynamique. En effet, selon Bateman (1972), les taux de croissance et de décroissance de ces populations dépendent des valeurs de la température qui par de multiples influences agissent aussi bien sur les individus de la population que sur leur mode de vie. Raghu (2002) en mesurant l'influence de la température sur certains comportements de *Bactrocera cacuminata* a aussi observé des coefficients de corrélations faibles variant entre 0,038 et 0,269.

- L'humidité

L'augmentation de l'humidité relative moyenne de l'air entraîne une augmentation de la population de mâles et femelles de *B. invadens*. Par contre, pour *C. cosyra*, l'augmentation de la valeur moyenne de ce facteur climatique provoque la diminution des captures des femelles. Pour les captures des mâles de cette espèce, aucune corrélation significative n'a été observée avec l'humidité relative. Selon Bateman (1972), l'humidité relative de l'environnement est particulièrement importante dans l'abondance des Tephritidae à travers la réduction de la fécondité des adultes femelles en période sèche et la forte mortalité des adultes nouvellement émergés. Par ailleurs, les faibles humidités relatives réduisent considérablement la longévité des adultes de mouche des fruits (Bateman, 1972). Neilson (1964) a montré que le taux de survie des pupes dans des conditions d'humidité inférieure ou égale à 60% était virtuellement nul. Originaire du Sri lanka (Drew et al. 2005) *B. invadens,* la nouvelle espèce invasive vit dans son milieu naturel dans des conditions plus humides. Au cours de la présente étude, les valeurs moyennes de l'humidité relative ont varié entre 21% et 88,1%. Les périodes de forte humidité relative ont été notées entre mai et décembre selon les sites et c'est au cours de cette période que l'on observe les plus fortes captures de cette espèce. Ainsi, les faibles valeurs de l'humidité relative moyenne en dehors de la période de saturation avec la rareté des ressources alimentaires, peuvent expliquer les faibles abondances de *B. invadens* aussitôt après la saison des mangues.

Pour ce qui est de *C. cosyra,* elle est endémique en Afrique (Caroll et al. 2002) et est adaptée aux conditions sèches de l'environnement (Vayssières et al. 2009 c) qui caractérisent certaine période de l'année la zone d'étude. Face à cette adaptation aux faibles humidités relatives, il apparait que les variations de ce facteur durant l'étude n'ont pas atteint des valeurs critiques susceptibles d'impacter les fluctuations des populations de mâles. Par contre, la diminution des captures de femelles lorsque l'humidité relative moyenne augmente, montre bien que des valeurs élevées de l'humidité relative sont défavorables au développement des populations de *C. cosyra.* Cette situation selon Vayssières et al. (2008 c) serait due au fait que *C. cosyra,* adapté aux conditions sèches, supporte mal les fortes humidités relatives particulièrement en hivernage.

- <u>Les précipitations</u>

La présente étude montre que l'augmentation des précipitations, dans les vergers est suivie d'une augmentation des captures de *B. invadens* et d'une diminution de celles de *C. cosyra.* Les précipitations sont fortement associées à l'humidité relative et les résultats que nous avons obtenus au cours de ce suivi se rapprochent de ceux que nous avons obtenus sur l'influence de l'humidité relative sur la fluctuation des populations de Tephritidae. Selon Nishida (1963), la distribution de *B. cucurbitae* en Inde est largement déterminée par l'humidité. Bateman (1968) montre l'existence d'une corrélation hautement significative entre les précipitations en été et l'importance des pics atteints chaque année par les populations de *D. tryoni* après 7 années de suivi. Vayssières et al.

(2009 d) montrent aussi qu'il existe une corrélation significative positive entre les précipitations et les captures de *B. invadens* dans les vergers du Nord Bénin. Les précipitations stimulent l'émergence de larves matures des fruits et induisent une augmentation du taux d'émergence d'adultes chez les Tephritdae (Bateman, 1972). Au contraire, il y a une diminution des populations de *C. cosyra* avec l'augmentation des précipitations dans les vergers.

Ce travail confirme l'influence des facteurs climatiques dans les fluctuations de populations des principales espèces de Tephritidae dans les vergers de l'Ouest du Burkina Faso. Il montre que selon leur origine, les effets de ces facteurs sur les fluctuations des populations diffèrent. Enfin, ces connaissances suggèrent une orientation spécifique des actions de lutte en fonction de l'évolution des facteurs climatiques dans la saison. Des compléments d'études devraient permettre de préciser le niveau d'influence de ces facteurs climatiques dans la fluctuation des populations de ces 2 espèces.

❖ *Influence des facteurs biotiques (Stades phénologiques)*

Le travail réalisé montre que selon le cycle annuel du manguier, la population de *B. invadens* dans les vergers est plus abondante durant le stade végétatif aussi bien pour les mâles que pour les femelles. Pour *C. cosyra* par contre, il semble que la population soit plus abondante pendant la fructification.

Les captures de *B.invadens* connaissent une explosion à partir de la pleine saison de mangue pour atteindre leur pic souvent à la fin de la saison quand les arbres sont au stade végétatif.

A la différence de *B. invadens*, les populations de *C. cosyra* sont plus abondantes en période de fructification de la mangue. En effet, tolérant des conditions d'humidité plus faibles que la première (Vayssières *et al.* 2008 b et c), les populations de *C. cosyra* se développent avec la présence des fruits dont la période de maturation commence en saison sèche pour certaines variétés. Ainsi donc, cette population va se développer en utilisant mieux les ressources alimentaires disponibles à cette période que *B. invadens*. C'est pourquoi, cette espèce se retrouve plus associée aux dégâts causés à la mangue en saison sèche. Ses populations diminuent en fin de fructification avec l'arrivée des précipitations.

Pour ce qui est du nombre moyen d'individu capturé par piège, il est plus élevé au stade fructification pour les femelles quelle que soit l'espèce. Cette situation s'explique par la présence des fruits dans les vergers à ce stade. En effet, selon Bateman (1972), les fruits par leurs formes, couleurs et odeurs, attirent les femelles des Tephritidae pour l'oviposition.

Conclusion

Ce travail a permis de montrer que les populations de Tephritidae dans les vergers de manguiers de l'Ouest du Burkina Faso abondent au cours de la saison de la mangue. Celles de *C. cosyra* pullulent durant toute la saison de la mangue, tandis que celles de *B. invadens* ne le sont qu'en fin de saison de la mangue (entre juin et juillet). Les facteurs climatiques notamment la température, l'hygrométrie et les précipitations ainsi que le stade phénéologique (présence des fruits) influencent ces fluctuations L'adaptation de *C. cosyra* aux conditions climatiques de la zone d'étude marquée par la faiblesse de l'humidité et les températures élevées en saison sèche, fait que cette espèce est abondante dans les vergers dès la période de maturation des fruits à partir de mars. L'augmentation de l'humidité à la fin de la saison de la mangue est favorable au développement des populations de *B. invadens* qui atteignent leur pic à cette période. La forte humidité et les précipitations de fin de saison des mangues allonge la durée de vie des individus de *B. invadens* qui se maintiennent après la saison de la mangue jusqu'en octobre. Au contraire, les conditions de forte hygrométrie sont défavorables aux individus de *C. cosyra* dont la population diminue de façon importante à la fin de la période de fructification des manguiers.

Le méthyl-eugénol présent dans les fleurs du manguier attire les femelles de Tephritidae dans les vergers pendant la période de floraison, conduisant à un deuxième pic de population pour les femelles à cette période. L'abondance des femelles de Tephritidae dans les vergers à cette période qui précède la fructification des manguiers constitue une période favorable pour des actions de lutte qui permettront d'éviter, en période de fructification, les fortes populations qui occasionnent des dégâts aux fruits.

4.2. ETUDE DES DEGATS DES TEPHRITIDAE SUR LA MANGUE DANS LES VERGERS DE DE L'OUEST DU BURKINA

Introduction

Classés comme ravageurs de quarantaine, les Tephritidae infestent les cultures fruitières et légumières où ils occasionnent des pertes importantes pour les filières fruit et légume. Plusieurs espèces de cette famille sont susceptibles d'occasionner ces dégâts. Au Burkina Faso, les dégâts occasionnés par les Tephritidae sur la mangue sont croissants comme le témoigne l'augmentation des interceptions en Europe d'envois de mangue (Guichard, 2009) et les protestations des transformateurs locaux, mais l'importance de ces dégâts au champ reste peu étudiée. La gamme d'espèces responsables de ces dégâts dans le pays est également mal connue ainsi que les conditions propices à ces infestations. Les seules informations disponibles ont été obtenues au cours d'une étude circonscrite à une seule localité de la zone fruitière de l'Ouest (Ouédraogo, 2002). Face au besoin de plus en plus pressant de moyens de contrôle des dégâts de ces ravageurs, l'identification dans les bassins de production de la mangue des espèces associées à ces dégâts et des conditions qui les favorisent s'impose. Cette situation a motivé l'étude suivante dont les objectifs sont :

- Mettre à jour l'inventaire des Tephritidae associés aux dégâts occasionnés au manguier dans les vergers de l'Ouest du Burkina Faso,

- Evaluer l'importance des dégâts de Tephritidae sur les cultivars de manguiers les plus couramment rencontrés dans les vergers et leur évolution au cours de la saison,

- Déterminer l'importance économique des Tephritidae infestant la mangue,

- Etudier les effets des variations de la température, de l'hygrométrie et de la pluviométrie sur les dégâts des Tephritidae sur la mangue.

4.2.1. Importance des dégâts

Réalisé dans les 7 vergers sites, l'échantillonnage des mangues a concerné les 8 variétés couramment rencontrées dans la zone d'étude (Amélie, Brooks, Keitt, Kent, Lippens, Mangot vert, Sabre et Sprinfels). La première année d'étude a débuté le 25 mars 2008 dans le site de Toussiana pour se terminer le 25 août 2008 à Toussian-Bandougou. En 2009, les prélèvements d'échantillons ont commencé les 23 et 25 mars 2009 dans les sites de Toussiana et Yéguérésso et se sont poursuivis jusqu'au 27 juillet 2009 dans le site de Koloko. Douze collectes d'échantillons ont été réalisées en 2008 contre 9 en 2009. La variété mangot vert avec 1 prélèvement en 2008 et 4 en 2009 a été la moins échantillonnée tandis que Brooks avec 12 prélèvements en 2008 et 7 en 2009 a été la plus échantillonnée. Dix neuf mille sept cent soixante quatre (19 764) mangues ont été mises en incubation au cours des saisons de mangue 2008 et 2009 et 1 339 étaient infestées par des Tephritidae.

4.2.1.1. Incidence des dégâts et taux d'infestation selon les cultivars et la localité

❖ *Incidence des dégâts*

Au cours de ce suivi, toutes les variétés à l'exception de Sabre ont montré des infestations par les Tephritidae. L'incidence moyenne des dégâts par variété au cours des 2 campagnes (Figure 8) varie entre 0 pour Sabre et 12,5% ± 6,4 pour Keitt. L'analyse de variance révèle l'existence de différences significatives entre l'incidence des dégâts des Tephritidae selon les variétés ($F = 12,8$, $P < 0,001$).

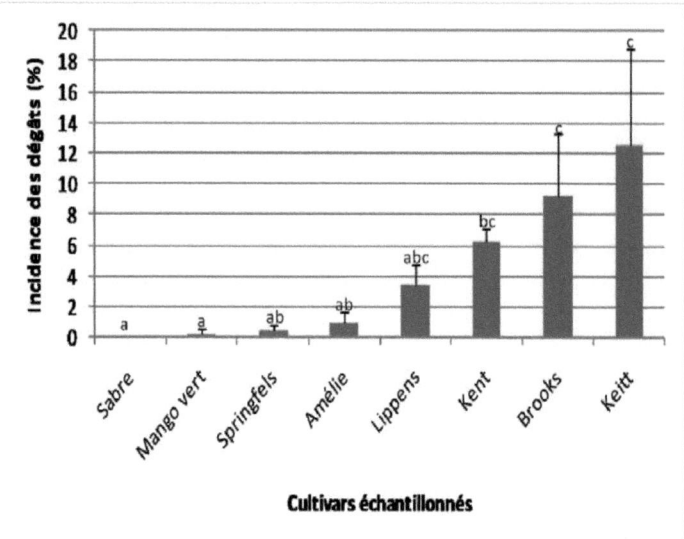

Figure 8 : Incidence moyenne au cours de l'étude des dégâts de Tephritide sur les mangues selon les cultivars.

Nb : Les barres verticales représentent les écarts types.

Les comparaisons se font entre les cultivars et les cultivars désignés par les mêmes lettres ne diffèrent pas significativement selon le test de Tukey.

Les cultivars Keitt et Brooks qui présentent les plus fortes incidences se distinguent des autres, Mango vert et Sabre présentent au contraire des infestations significativement plus faibles.

❖ *Taux d'infestation*

Le taux d'infestation des mangues par les Tephritidae est extrêmement variable d'une année à l'autre et d'un fruit à l'autre, c'est pourquoi il n'existe aucune différence significative entre les taux d'infestation des différentes variétés (F = 1,367 ; P = 0,316). (Figure 9).

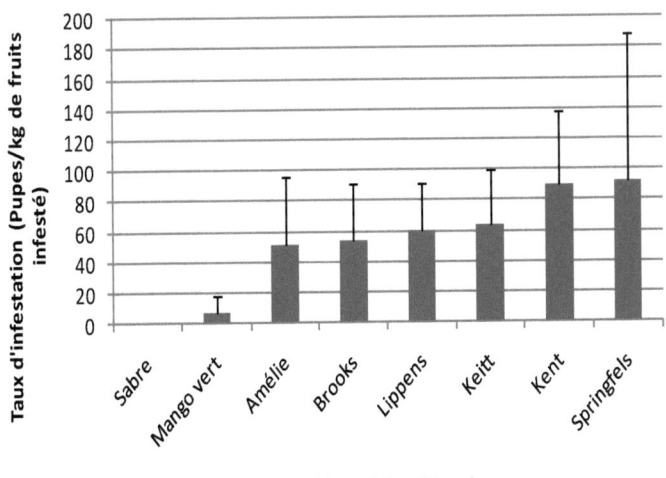

Figure 9 : Taux d'infestation moyens des mangues par les Tephritidae selon les cultivars dans des vergers de l'Ouest du Burkina Faso en 2008 et 2009.

Nb : Les barres verticales représentent les écarts types

4.2.1.2. Evolution des dégâts au cours de la saison de mangue

Pour les différentes variétés suivies, l'importance des dégâts augmente tout au long de la saison de la mangue. Nulle au début des prélèvements, l'incidence moyenne des dégâts croît progressivement pour atteindre une valeur maximale en fin de saison. Cette tendance a été observée au cours des 2 campagnes (Tableau 9).

Tableau 9 : Evolution de l'incidence des dégâts de Tephritidae sur les variétés de mangue échantillonnées dans la zone de l'étude entre 2008 et 2009.

Dates de récolte		Incidence moyenne des dégâts par variété (%)							
		Amélie	Brooks	Keitt	Kent	Lippens	Mango Vert	Sabre	Springfels
2008									
25/03/2008 **D1**	Début saison	0,00	0,00			0,00	0,00	0,00	
08/04/2008 **D2**	Début saison	0,00	0,00		0,00	0,00	0,00	0,00	0,60
22/04/2008 **D3**	Début saison	0,21	0,00		0,00	0,00	0,00	0,00	0,00
06/05/2008 **D4**	Pleine saison	0,52	0,00	0,00	0,25	0,67	0,00	0,00	0,00
20/05/2008 **D5**	Pleine saison	1,56	2,89	1,70	2,56	2,42	0,00	0,00	0,81
03/06/2008 **D6**	Pleine saison	3,25	3,56	0,53	4,58	5,95		8,57	4,41
17/06/2008 **D7**	Pleine saison	2,36	11,51	5,69	13,22	7,53			
01/07/2008 **D8**	Pleine saison		11,33	13,25	13,76	8,55			
15/07/2008 **D9**	Fin de saison		28,49	24,47	19,39	32,32			
29/07/2008 **D10**	Fin de saison		28,05	35,77					
11/08/2008 **D11**	Fin de saison		34,49	42,53					
25/08/2008 **D12**	Fin de saison			34,00					

Source : Observations sur le terrain O.S. Nafiba

Tableau 9 (Suite): Evolution de l'incidence des dégâts de Tephritidae sur les variétés de mangue échantillonnées dans la zone de l'étude entre 2008 et 2009.

Dates de récolte		Incidence moyenne des dégâts par variété (%)							
		Amélie	Brooks	Keitt	Kent	Lippens	Mango Vert	Sabre	Springfels
2009									
24/03/2009 **D1**	Début saison	0,00			0,00	0,00	0,00	0,00	0,00
07/04/2009 **D2**	Début saison	0,00			0,00	0,00	0,00	0,00	0,00
21/04/2009 **D3**	Début saison	0,00			0,00	0,00	0,00	0,00	0,00
04/05/2009 **D4**	Pleine saison	1,11	1,39	1,39	2,08	0,00	0,00	0,00	0,00
18/05/2009 **D5**	Pleine saison	0,93	1,85	1,39	12,96	0,93			2,78
01/06/2009 **D6**	Pleine saison	0,00	5,46	12,50	2,78	5,56			
15/06/2009 **D7**	Pleine saison	0,00	7,97	13,89	19,44	6,29			
13/07/2009 **D8**	Pleine saison		13,52	11,11		4,29			
27/07/2009 **D9**	Fin de saison		7,41	23,08					

Source : Observations sur le terrain O.S. Nafiba

En considérant l'ensemble des dégâts enregistrés en 2008 et en 2009, le Test de Tukey révèle l'existence de différences significatives entre l'incidence moyenne des dégâts qui est plus élevée en 2008 qu'en 2009 (P = 0,014).

4.2.2. Identification des espèces associées aux dégâts

La collecte et la mise en éclosion des pupes issues des fruits infestés a permis, au cours de cette étude, d'identifier les Tephritidae responsables des dégâts sur les mangues ainsi que leur importance économique. L'abondance des espèces de Tephritidae associées aux dégâts sur la mangue, leur distribution selon les variétés infestées, les localités ainsi que la période de collecte des échantillons sont développés ci-dessous.

4.2.2.1. Espèces associées aux dégâts

Neuf milles sept cent trente (9730) adultes de 7 espèces répartis dans les genres *Ceratitis* et *Bactrocera* ont émergé des pupes collectées. Les espèces associées à ces dégâts sont : *B. invadens, C. anonae, C. cosyra, C. fasciventris, C. punctata, C. quinaria* et *C. silvestrii*. Parmi ces espèces, *C. anonae, C. fasciventris* et *C. punctata* sont observés pour la première fois comme ravageur du manguier au Burkina Faso.

La figure 10 présente les proportions des différentes espèces identifiées à partir des pupes collectées à partir des fruits infestés et mis en éclosion. *B. invadens* et *C. cosyra* constituent plus de 97% des adultes éclos avec une prépondérance de la première espèce (54,71% des adultes obtenus). Le taux d'éclosion moyen des pupes a été de 46,18% en 2008 contre 81,55% en 2009. *C. quinaria* avec 0,01% des adultes est l'espèce la moins abondante des 7 identifiées. Toutes ces espèces issues des fruits infestés avaient déjà été capturées dans les pièges lors de l'inventaire des Tephritidae (cf Partie 1).

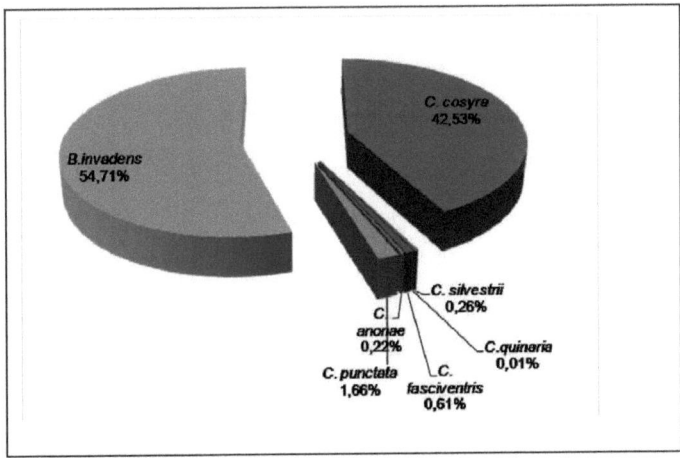

Figure 10 : Proportions (en %) des Tephritidae identifiées à partir des fruits infestés pendant les saisons de mangue 2008 et 2009 dans les vergers de l'Ouest du Burkina Faso.

4.2.2.2. Distribution des espèces selon les cultivars

Les variétés Brooks en 2008 et Keitt en 2009 ont présenté au cours de cette étude, la plus grande diversité de Tephritidae associés. Les larves de toutes les espèces recensées ont infesté ces deux variétés. Par contre, trois variétés : Amélie, Sabre et Springfels ont présenté la plus faible diversité de Tephritidae avec chacune une seule espèce identifiée en 2008 pour Amélie et Sabre et en 2009 pour Amélie et Springfels. La proportion des espèces associées aux dégâts est variable selon les variétés comme le montre les résultats du tableau 10. Ainsi, on note pour Brooks et Keitt, la dominance de *B. invadens* dans les espèces écloses aussi bien en 2008 qu'en 2009. Pour Lippens, *C. cosyra* abonde à l'éclosion plus que les autres espèces en 2008 et en 2009, c'est *B. invadens* qui domine les éclosions de pupes issues de cette variété. Pour les variétés Amélie, Kent, Sabre et Springfels, on note une abondance de *C. cosyra* dans les éclosions par rapport aux autres espèces aussi bien en 2008 qu'en 2009. On note aussi une exclusivité de l'éclosion de *C. cosyra* à partir des pupes issue d'Amélie en 2008 et 2009, Sabre en 2008 et Springfels en 2009.

Tableau 10 : Proportions des différentes espèces de Tephritidae ayant émergé des pupes issues des mangues infestées pour différentes variétés collectées dans les vergers de l'Ouest du Burkina Faso en 2008 et 2009.

Années	Variétés	Proportions (%) par espèce							
		B. invadens	*C. cosyra*	*C. silvestrii*	*C. quinaria*	*C. fasciventris*	*C. anonae*	*C. punctata*
2008	Amélie	0	100	0	0	0	0	0
	Brooks	54,60	40,11	0,19	0,02	4,08	0,43	0,57
	Keitt	82,16	15,38	0	0	1,20	0,80	0,46
	Kent	31,31	68,12	0,35	0	0,14	0	0,08
	Lippens	20,96	79,04	0	0	0	0	0
	Mango vert	0	0	0	0	0	0	0
	Sabre	0	100	0	0	0	0	0
	Springfels	0	56,18	0	0	0	0	43,82
Total 2008		30,18	64,35	0,10	0,01	1,31	0,19	3,87

Source : *Observations sur le terrain O.S. Nafiba*

Tableau 10 (Suite): Proportions des différentes espèces de Tephritidae ayant émergé des pupes issues des mangues infestées pour différentes variétés collectées dans les vergers de l'Ouest du Burkina Faso en 2008 et 2009.

Années	Variétés	Proportions (%) par espèce							
		B. invadens	*C. cosyra*	*C. silvestrii*	*C. quinaria*	*C. fasciventris*	*C. anonae*	*C. punctata*
2009	Amélie	0	100	0	0	0	0	0
	Brooks	59,80	40,05	0	0	0,15	0	0
	Keitt	84,87	14,38	0,30	0	0,45	0	0
	Kent	27,44	70,67	1,89	0	0	0	0
	Lippens	69,83	27,03	1,26	0	0	0	0
	Springfels	0	100	0	0	0	0	0
Total 2009		51,77	47,19	0,59	0	0,12	0	0

Source : Observations sur le terrain O.S. Nafiba

Toutes les espèces de Tephrititidae identifiées à partir de fruits infestés à l'exception de *C. punctata* et *C. quinaria* et *C. silvestrii* présentent des proportions significativement différentes selon les variétés de mangues selon les résultats de l'analyse. Le tableau 11 présente les résultats de l'analyse de variance des proportions d'adultes des différentes espèces éclos selon les variétés de mangue au cours des 2 années de suivi.

Tableau 11 : Résultats de l'analyse de variance des proportions à l'éclosion des Tephritidae associés aux dégâts selon les variétés de mangues.

Espèces des Tephritidae	F	P
B. invadens	9,315	< 0,0001
C. cosyra	2,900	0,018
C. fasciventris	3,461	0,007
C. anonae	5,796	0,002
C. silvestrii	0,570	0,775
C. quinaria	0,254	0,964
C. punctata	1,903	0,136

Source : *Observations sur le terrain O.S. Nafiba*

Dans les cas de différences significatives, les tests de comparaison des moyennes séparent différentes classes de variétés homogènes pour les espèces associées. Pour *C. cosyra* et *C. fasciventris* les tests de comparaison des moyennes distinguent 3 groupes homogènes de variétés selon les proportions moyennes d'éclosion de ces espèces. Les variétés Keitt et Sabre respectivement avec les plus fortes et plus faibles proportions d'éclosions de ces espèces constituent chacune un groupe distinct de celui constitué par les autres variétés. Pour *C. anonae*, 2 groupes homogènes de variétés se distinguent. Le premier est constitué par Keitt et le deuxième par toutes les autres variétés échantillonnées. Enfin la comparaison des proportions moyennes de *B. invadens* des différentes variétés suivies distingue 4 groupes homogènes. Le premier constitué par Amélie et Springfels qui présentent les plus faibles proportions. Les variétés Brooks et Keitt qui présentent les plus fortes proportions de *B. invadens* constituent chacune un groupe distinct. Le dernier groupe qui présente des proportions intermédiaires entre les 2 extrêmes rassemble toutes les autres variétés suivies (Mango vert, Sabre, Lippens et Kent).

4.2.2.3. Distribution des espèces selon les localités

En considérant les proportions des Tephritidae issus des fruits infestés au cours des 2 années de suivi selon les sites d'étude, on note à partir des résultats du tableau 12 que *B. invadens* est la plus abondante dans 4 sites sur les 7 à savoir Koloko, Soubakaniédougou, Tengrela et Yéguérésso. Pour les 3 autres sites, les éclosions de *C. cosyra* ont été plus abondantes. Pour chacune des espèces identifiées, l'analyse de variance réalisée selon les sites, montre qu'il n'y a pas de différences significatives entre les localités pour ce qui est de l'abondance des éclosions.

Tableau 12: Proportions d'émergences des différentes espèces de Tephritidae associées aux dégâts sur la mangue selon la localité.

Localités	Proportions (%) des différentes espèces							
	B. invadens	*C. cosyra*	*C. silvestrii*	*C. quinaria*	*C. fasciventris*	*C. anonae*	*C. punctata*
Guénako	34,42	65,55	0,03	0	0	0	0
Koloko	60,77	37,68	0,52	0,02	0,70	0,18	0,03
Soubaka	51,75	42,10	0	0	3,62	1,09	1,44
T.Bandougou	47,66	50,16	0,90	0	0,74	0,26	0,27
Tengrela	55,25	44,62	0	0	0,14	0	0
Toussiana	32,98	49,66	0	0	0,97	0,48	15,92
Yéguérésso	72,06	17,94	0	0	10,00	0	0

Source : Observations sur le terrain O.S. Nafiba

4.2.2.4. Distribution des espèces selon les périodes d'échantillonnage

Selon les saisons, les résultats que nous avons obtenus montrent une différence aussi bien dans le nombre d'espèces identifiées que dans leurs proportions.

Du point de vue spécifique, les 7 espèces de Tephritidae identifiées à partir des fruits infestés sont signalées au cours de la saison de mangue 2008 contre 4 pour la saison 2009. *C. quinaria*, *C. anonae* et *C. punctata* retrouvés sur des fruits infestés la première saison d'étude ne l'ont pas été au cours de la deuxième saison.

Le tableau 13 présente le pourcentage de chaque espèce dans l'ensemble des adultes identifiés après l'éclosion des pupes. La forte abondance de *B. invadens* et *C. cosyra* est confirmée puisque ces 2 espèces représentent 96,4% des adultes éclos en 2008 et 99,28% en 2009. Si au cours de la première année, ces 2 espèces présentaient des proportions quasi égales dans les éclosions (47,28% pour *B. invadens* et 48,86% pour *C. cosyra*), la deuxième saison des mangues est marquée par une nette prédominance de *B. invadens* (68,51%) par rapport à *C. cosyra* (30,77%). Enfin, la proportion des adultes de *C. silvestrii* en 2009 est nettement plus importante qu'en 2008 alors que l'on observe le contraire pour *C. fasciventris*.

Tableau 13: Proportions (%) des espèces de Tephritidae issues des fruits infestés selon la saison.

Espèces issues des fruits infestés	Proportions (%) au cours des 2 saisons de mangue	
	2008	2009
B. invadens	47,28	68,51
C. cosyra	48,86	30,77
C. punctata	2,55	0
C. fasciventris	0,75	0,35
C. anonae	0,34	0
C. silvestrii	0,20	0,38
C. quinaria	0,02	0

Source : *Observations sur le terrain O.S. Nafiba*

La représentativité des différentes espèces issues des fruits infestés varie au cours de la saison. Pour les 2 années, les proportions de *C. cosyra* à l'éclosion des pupes dépassent celles des autres espèces au mois de mai qui correspond au début de la saison de la mangue (tableau 14). Pendant le mois de juin qui correspond à la pleine saison, on note une plus forte abondance de *C. cosyra* dans les éclosions en 2008 et de *B. invadens* en 2009. Les émergences de cette dernière espèce dominent celles des autres Tephritidae durant les mois de juillet et août qui correspondent à la fin de la saison de mangue au Burkina. Pour les infestations intervenant plus tôt avant la pleine saison de mangue (avril), les éclosions étaient dominées en 2008 par *C. punctata*. Les infestations dues à *C. silvestrii* ont lieu en début de saison tandis que celles dues à *C. fasciventris* et *C. anonae* ont lieu surtout en pleine saison (juin).

En comparant les proportions d'émergence selon les périodes de collecte d'échantillons pour chacune des espèces identifiées, l'analyse de variance fait ressortir que ce facteur a une influence significative sur l'importance des infestations des mangues par *B. invadens* (F= 6,184; P = 0,002), *C. cosyra* (F= 4,458; P = 0,010) et *C. fasciventris* (F= 5,874; P = 0,003). Ainsi pour *B. invadens*, 3 groupes homogènes de périodes se dégagent. Le premier groupe avec les périodes qui présentent les plus fortes émergences rassemble les mois de juin et juillet. Le mois de mai qui présente les plus faible émergences constitue un autre groupe tandis que août, avec un niveau d'émergence intermédiaire, constitue le 3ème groupe. Pour *C. cosyra*, les mois de mai et juin forment un groupe homogène avec les plus fortes émergences tandis que juillet et août avec les plus faibles émergences constituent le deuxième groupe. Pour ce qui est de *C. fasciventris*, les 4 périodes d'échantillonnage sont significativement différentes les unes des autres. Les moyennes d'émergences les plus faibles pour cette espèce sont notées en mai et les plus fortes en août.

Tableau 14 : Proportions d'émergence des Tephritidae issus des fruits infestés selon les périodes de collecte d'échantillons

Périodes d'échantillonnages		Proportions d'émergence des différentes espèces(%)						
		B. invadens	C. cosyra	C. silvestrii	C. quinaria	C. fasciventris	C. anonnae	C. punctata
Mars 08	Début saison	0	0	0	0	0	0	0
Mars 09	Début saison	0	0	0	0	0	0	0
Avril-08	Début saison	0	4,49	0	0	0	0	95,51
Avril-09	Début saison	0	0	0	0	0	0	0
Mai-08	Pleine saison	0,29	99,06	0,65	0	0	0	0
Mai-09	Pleine saison	10,56	88,71	0,73	0	0	0	0

Source : Observations sur le terrain O.S. Nafiba

Tableau 14 *(Suite)* : Proportions d'émergence des Tephritidae issus des fruits infestés selon les périodes de collecte d'échantillons

Périodes d'échantillonnages		Proportions d'émergence des différentes espèces(%)						
		B. invadens	C. cosyra	C. silvestrii	C. quinaria	C. fasciventris	C. anonnae	C. punctata
Juin-08	Pleine saison	33,54	66,17	0,23	0	0,02	0,02	0,02
Juin-09	Pleine saison	77,98	21,59	0,17	0	0,1	0	0
Juillet-09	Fin de saison	96,94	1,96	0	0	1,1	0	0
Juillet-08	Fin de saison	78,08	17,94	0	0,02	3,32	0,21	0,43
Août-08	Fin de saison	65,98	21,98	0	0	7,54	2,66	1,84
Août-09	Fin de saison	-	-	-	-	-	-	-

Source : *Observations sur le terrain O.S. Nafiba*

4.2.2.5. Importance économique des espèces associées aux dégâts

L'incubation individuelle des fruits au cours de la campagne mangue 2009 a permis de déterminer l'importance économique des Tephritidae issus des fruits infestés au cours de cette saison. Les proportions de dégâts occasionnés aux mangues des différentes espèces échantillonnées au cours de cette campagne (figure 11) montre que *B. invadens* est l'espèce qui présente la plus grande importance économique. Cette espèce associée à 82,78% des fruits infestés est à l'origine de 64% des dommages infligés aux mangues par les Tephritidae contre 2% à *C. silvestrii* (avec une occurrence de 1,99% sur les fruits infestés) qui présente la plus faible incidence économique. *C. cosyra* qui est le Tephritidae le plus abondant après *B. invadens* est associé à 40,40% des fruits infestés présente une incidence économique de 31%.

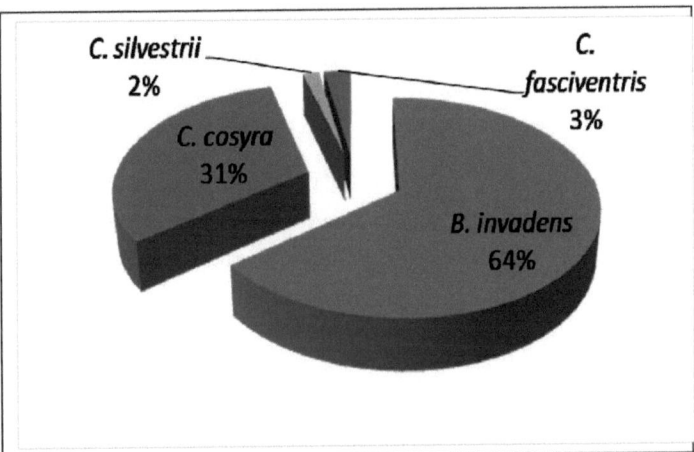

Figure 11 : Importance économique des espèces de Tephritidae infestant la mangue dans les vergers de l'Ouest du Burkina Faso au cours de la saison 2009

Sept espèces de Tephritidae dont 1 du genre *Bactrocera* et 6 du genre *Ceratitis* ont été identifiées au cours de cette étude. Parmi ces espèces, *B. invadens* et *C. cosyra* représentent environ 97% des adultes émergés dont 54,71% uniquement sont de l'espèce *B. invadens*. La plus grande diversité de Tephritidae a été notée sur les cultivars tardifs

(Brooks et Keitt) sur lesquels les 7 espèces identifiées ont été observées. Sur le cultivar précoce Amélie, *C. cosyra* est le seul Tephritidae issus des fruits infestés durant les 2 campagnes. Les analyses statistiques révèlent que l'importance des émergences des différentes espèces selon les variétés ne diffère significativement que pour *B. invadens, C. cosyra, C. anonae* et *C. fasciventris*. Selon les localités, il n'y a pas de différences significatives dans l'émergence des différentes espèces identifiées. Pour *B. invadens, C. cosyra* et *C. fasciventris*, la période de collecte d'échantillons a une influence significative sur leur abondance dans les émergences. Ainsi, *C. cosyra* émerge de façon abondante des fruits infestés en pleine saison des mangues (mai et juin) tandis que *B. invadens* est plus abondant sur les fruits infestés en pleine et en fin de saison (juin et juillet). Enfin, le suivi individuel des échantillons collectés au cours de la saison 2009 a permis de noter qu'avec une occurrence de 82,8% sur les fruits infestés, *B. invadens* est l'espèce qui présente la plus grande importance économique en représentant près de 65% des dégâts sur manguiers.

4.2.3. Influence des facteurs abiotiques sur les dégâts

Afin de connaitre l'effet de la variation de certains facteurs climatiques tels que la température, l'humidité relative et les précipitations, des analyses de corrélations ont été effectuées entre l'incidence des dégâts des Tephritidae et les valeurs minimales, maximales et moyennes de ces facteurs climatiques.

4.2.3.1. Température

Elle affecte significativement l'incidence des dégâts des Tephritidae sur la mangue ($r=-0,176$, $p=0,002$ pour les minimales ; $r = -0,357$, $p < 0,0001$ pour les maximales ; $r = -0,132$, $p < 0,0001$ pour les moyennes). Au regard de ces résultats, on note que l'augmentation de la température entraîne la diminution de l'incidence des dégâts. La faiblesse des coefficients de corrélation dont le plus élevé est 0,0357 en valeur absolue, traduit la faiblesse de variation de l'incidence des dégâts des Tephritidae sur la mangue à cause de la température.

4.2.3.2. Humidité Relative

Ce facteur climatique influence de façon significative aussi l'incidence des dégâts de Tephritidae sur la mangue. L'augmentation des valeurs minimales de l'humidité relative minimale de l'air entraine une augmentation des dégâts des Tephritidae sur la mangue avec toutefois une influence qui reste faible ($r = 0,352$, $P < 0,0001$). Il en est de même pour les valeurs maximales et moyennes de ce facteur avec les dégâts avec toujours une faible influence ($r = 0,244$, $P < 0,0001$ pour les maximales et $r = 0,327$, $p < 0,0001$ pour les moyennes).

4.2.3.3. Pluviométrie

Le cumul des précipitations durant la période précédent les différentes collectes d'échantillons de fruits présente une corrélation significative positive avec l'incidence des dégâts de Tephritidae sur la mangue ($r = 0,493$, $P < 0,0001$). La valeur du coefficient de corrélation indique pour ce facteur une influence moyenne sur l'incidence des dégâts.

La température, l'humidité relative et les précipitations influencent significativement l'incidence des dégâts des Tephritidae sur la mangue. Cette influence est négative dans le cas des températures et positive dans le cas de l'humidité relative et des précipitations. A l'exception des précipitations qui présentent un coefficient de corrélation moyen, les autres facteurs climatiques suivis présentent de faibles effets sur les variations de l'incidence des dégâts de Tephritidae sur la mangue.

4.2.4. Discussion

4.2.4.1. Importance des dégâts

Cette étude fait ressortir l'existence de différences significatives selon les variétés aussi bien pour l'incidence des dégâts que pour les taux d'infestation des mangues par les Tephritidae. Les plus fortes incidences et infestations sont notées pour les cultivars tardifs (Keitt, Brooks) et de fin de pleine saison (Kent). Cette situation s'explique par les caractéristiques physico-chimiques différentes des variétés de mangue (de Laroussilhe, 1980), mais aussi par la coïncidence de la période de maturation des cultivars tardifs avec les pullulations dans les vergers des principales espèces de Tephritidae (*B. invadens* et *C. cosyra*). En effet selon de Laroussilhe (1980), c'est pendant les périodes de grossissement et de maturation que les mangues sont plus propices à accueillir les larves des mouches des fruits. Les travaux de Vayssières *et al.* (2009) conduits au Nord Bénin font aussi ressortir des différences significatives de l'incidence des dégâts des Tephritidae selon les cultivars avec les plus fortes infestations pour les cultivars de fin de pleine saison (Kent, Smith) et tardifs (Keitt, Brooks).

L'absence d'infestation des fruits du cultivar Mangot vert et la très faible infestation de Sabre s'explique par la précocité de la maturation de ces fruits. Selon Guira et Zongo (2006), ces deux cultivars non greffés sont les premiers à être récoltés au cours de la saison de mangue au mois de mars et ce, avant les pullulations des Tephritidae dans les vergers comme le montre les courbes des fluctuations de populations des principales espèces. Cette situation leur permet ainsi d'échapper aux infestations.

Selon les saisons des mangues et tout au long de celles-ci, nous avons noté des variations significatives de l'incidence des dégâts des Tephritidae qui augmentent du début à la fin de la saison. L'augmentation des dégâts des Tephritidae sur la mangue avec l'allongement de la saison s'explique les conditions climatiques favorables au développement de ces ravageurs avec l'installation de l'hivernage et par l'abondance des ressources alimentaires. En effet, à partir de mai, les précipitations provoquent la chute des températures et l'augmentation de l'humidité relative, favorisant ainsi le développement des populations de Tephritidae (Bateman, 1972, Fletcher, 1987). A cette période, on observe une abondance dans les vergers de mangues mûres pour les cultivars de saison et en maturation pour les cultivars tardifs qui restent jusqu'à la fin de la saison. Cette abondance de fruits, source de nourriture pour les larves de Tephritidae va favoriser l'explosion de leurs populations (Dalby-Ball et Meats 2000a, 2000b ; Fletcher, 1987), ce qui aura pour conséquence une recrudescence des dégâts sur les fruits non récoltés d'où les fortes infestations de la mangue par ces ravageurs avec l'avancée de la saison.

Le mois d'août qui correspond à la fin de saison avec de fortes humidités relatives et des précipitations abondantes ainsi que des niveaux de populations de Tephritidae élevés présente cependant des incidences de dégâts comparables à celles enregistrées en début de saison. Cette situation s'explique par la rareté des fruits dans les arbres à cette période. Ceux qui s'y trouvent à cette période sont peu réceptifs à la ponte des Tephritidae avec très souvent de petits calibres ou sont atteints par des maladies.

La faiblesse de l'incidence des dégâts de Tephritidae au cours de la saison 2009 par rapport à la saison 2008 s'explique par la différence dans l'étalement de ces 2 saisons. En effet, avec une baisse d'environ 30%, la production de mangues estimée à 120 000 tonnes en 2008 est tombée à 86 000 tonnes en 2009 (APROMAB, Non publié) et s'est achevée pour la plupart des sites en fin juin, en cette dernière campagne, contre fin juillet au cours de la première campagne. Ainsi, cette fin « précoce » des récoltes en 2009 a évité une coïncidence d'une grande partie de la période de fructification avec la période de pullulation des Tephritidae dans les vergers, contribuant à réduire leurs dégâts sur les mangues. Les plus forts taux d'infestation des mangues par les Tephritidae obtenus en 2009 par rapport à 2008 s'expliquent par la faiblesse de la production de mangues au cours de cette saison. Cette faible disponibilité des ressources alimentaires (mangues) pour les mouches en 2009 a conduit les Tephritidae à exploiter plus intensivement celles qui étaient disponibles en y pondant plus d'œufs qu'en 2008 où ce facteur n'était pas limitant.

Les variations de l'importance des dégâts des Tephritidae selon les localités peuvent s'expliquer par la configuration variétale des sites et leur période de fructification. En effet, on note des dégâts plus importants dans les vergers du Kénédougou (Guénako, Koloko et Toussian-Bandougou) qui est considéré comme une zone de fructification tardive. Dans ces vergers, les cultivars tardifs (Keitt, Brooks) et de fin de pleine saison (Kent) qui sont les plus infestés y sont plus rencontrés que dans les autres sites caractérisés par des variétés précoces et de début de saison. Selon Vayssières *et al.* (2009 d), l'incidence des dégâts des Tephritidae varie selon les saisons, les pays, les zones agro-écologiques et les cultivars de manguiers.

Les résultats obtenus dans cette partie de l'étude montrent que l'étalement de la période de récolte des mangues contribue aussi à l'augmentation des dégâts de Tephritidae dans la mesure où on arrive à une coïncidence phénologique entre un pic de production fruitière et une forte abondance de femelles de Tephritidae fécondées et prêtes à pondre, particulièrement pour *B. invadens*. Ainsi, la plantation de variétés de manguiers précoces devrait être considérée dans le cadre du développement d'une stratégie de lutte intégrée contre les dégâts de Tephritidae dans les vergers de manguiers.

4.2.4.2. Identification des espèces associées aux dégâts

Sept espèces de Tephritidae ont été identifiées au cours de cette étude à partir des mangues infestées dont 1 du genre *Bactrocera* et les 6 autres du genre *Ceratitis*. *B. invadens* la seule espèce du genre *Bactrocera* est une espèce exotique invasive, originaise d'Asie qui constitue de nos jours l'espèce la plus abondamment rencontrée dans les vergers en Afrique de l'Ouest (Vayssières *et al.*, 2010). Les Cératites qui sont les autres espèces identifiées endémiques en Afrique, sont retrouvées dans différentes parties du continent (Carroll *et al.*, 2002).

Toutes ces espèces émergées des fruits attaqués ont été capturées dans les pièges au cours de l'inventaire des Tephritidea que nous avons effectué. Elles ont le manguier comme hôte et ont été signalées par différentes études réalisées en Afrique (Noussourou et Diarra 1995; Vayssières et Kalabane 2000; Vayssières *et al.* 2004, 2005; Ekesi *et al.* 2006; Hala *et al.* 2006; Mwatawala *et al.* 2006 ; 2009). Les travaux de Vayssières *et al.*, 2004 signalaient pour la première fois la présence de *B. invadens* sur la mangue en Afrique de l'Ouest au Sénégal. Au Burkina Faso, 4 de ces espèces (*B. invadens, C. cosyra, C. silvestrii et C. quinaria*) ont été identifiées en 2006 au cours d'une étude réalisée dans la localité de Guénako dans la province du Kénédougou (Ouédraogo, 2007). Sur les 18 espèces de Tephritidae recensées au cours de l'inventaire, moins de la moitié (7) a été retrouvée dans les fruits infestés. Cette faible richesse spécifique des Tephritidae infestant les mangues par rapport à la richesse spécifique des Tephritidae dans les vergers, pourrait s'expliquer par le nombre élevé d'espèces à faible abondance capturées dans les pièges et par leur période d'apparition qui ne correspond pas à la saison de la mangue. En effet, seulement 5 des 18 espèces capturées dans les pièges (*B. invadens, C. cosyra, C. fasciventris, C. silvestrii* et *D. vertebratus*) possèdent des proportions dans les captures supérieures à 1% dont près de 90% sont représentées par *C. cosyra* et *B. invadens*. Parmi les espèces identifiées à partir des fruits infestés, *C. anonae, C. punctata* et *C. quinaria* sont les seules espèces classées rares dans l'inventaire (avec des proportions de captures inférieures à 1%) à avoir été recensées. Ce fait s'explique par les périodes de capture de ces espèces qui coïncident avec la saison de la mangue. A l'inverse, *D. vertebratus,* dont les captures ont été importantes au cours de l'inventaire, est la seule espèce aussi abondante qui n'ai pas été retrouvée dans les fruits infestés. Cette situation s'explique par le décalage entre les périodes de pullulation de cette espèce et la saison de la mangue. En effet, les captures les plus abondantes de cette espèce ont été effectuées entre janvier et février au moment où a lieu dans les sites précoces le début de grossissement des fruits et la floraison dans les sites tardifs.

La faible diversité des espèces de Tephritidae identifiées à partir des fruits infestés en 2009 pourrait s'expliquer par l'installation tardive de l'hivernage en 2009 et par des faibles niveaux de populations de certaines d'entre elles. En effet, l'installation de l'hivernage avec l'augmentation de l'humidité crée des conditions favorables à l'explosion des populations de Tephritidae (Bateman, 1972 ; Fletcher, 1987). Cette période correspond aussi au moment où les fruits abondent non seulement dans les vergers de manguier, mais aussi pour d'autres essences locales qui sont hôtes de ces Tephritidae. Ces conditions favorisent l'apparition et la pullulation de diverses espèces comme *C. anonae* et *C. punctata* identifiées à partir de mangues infestées au cours du suivi réalisé en 2008. Les derniers prélèvements de mangue ayant eu lieu avant l'installation de ces conditions, on pourrait donc associer l'absence d'émergence de *C. anonae* et *C. punctata* aux conditions qui ont prévalu pendant la collecte des échantillons. Pour ce qui est de *C. quinaria* qui apparaît dans les captures pendant la saison sèche, son faible niveau de population dans les vergers en 2009 par rapport à 2008 pourrait expliquer son absence parmi les espèces qui ont émergé des fruits infestés.

La prépondérance de *B. invadens* dans les émergences des Tephritidae à partir des mangues infestées, notée au cours de cette étude s'explique par les hautes potentialités biotiques de cette espèce invasive (Fletcher, 1987). En effet, selon (Vayssières *et al.*, 2008 b et c) les femelles de *B. invadens* sont en mesure de pondre jusqu'à 700 œufs contre environ 200 à 400 pour les cératites. Les Dacini possèdent par ailleurs une tarière plus puissante qui leur permet de déposer leurs œufs plus en profondeur par rapport aux Ceratitini.

Selon les résultats de cette étude, l'importance des émergences des Tephritidae diffère significativement selon les variétés pour 4 des espèces identifiées sur les 7 rencontrées. Cela signifie que ces 4 espèces de Tephritidae infestent davantage certaines variétés de mangues que d'autres. Cette situation s'explique par la coïncidence entre les périodes de pullulations de ces espèces et la période de maturation des différents cultivars. En effet, les tests de comparaison de moyennes montrent que *B. invadens* émerge beaucoup plus sur les cultivars tardifs (Keitt et Brooks) que sur les cultivars de début de saison (Amélie, Springfels). *C. cosyra* et *C. fasciventris* émergent davantage des variétés précoces (Mangot vert) et de saison (Amélie, Kent, Springfels) que sur les variétés tardives (Keitt). Les fortes pullulations de *B. invadens* avec l'installation de l'hivernage pourrait aussi expliquer la diminution des des infestations de la mangue par *C. cosyra* à cette période à travers la compétition interspécifique. En effet, selon Pritchard (1969), l'interaction la plus évidente de la compétition entre les Dacinae intervient au niveau des femelles. Cette situation pourrait ainsi contribuer à réduire les pontes de femelles de *C. cosyra* sur les mangues à cette période d'où ses faibles éclosions notées en fin de saison de mangue. Dans la zone de l'étude, les cultivars tardifs arrivent à maturité pendant la saison des pluies coïncidant avec les pics de populations de *B. invadens* dans les vergers. Ils sont alors plus fortement infestés par cette espèce comme le montre les résultats obtenus. D'autre part, les cultivars précoces, de début de saison (Amélie, Springfels) et de fin de saison (Kent) arrivent à maturité en saison sèche ou en début d'hivernage pendant que *C. cosyra* pullule dans les vergers et sont plus infestés par cette espèce. Cette situation est confirmée par la distribution des espèces de Tephritidae infestant la mangue tout au long de la saison. Elle montre qu'en pleine saison des mangues (mai et juin) les émergences de *C. cosyra* dominent sur les autres espèces tandis qu'en fin de saison (juillet et août) ce sont celles de *B. invadens* qui sont plus importantes.

Parmi les Tephritidae infestant les mangues dans les vergers de l'Ouest du Burkina Faso, cette étude a montré que *B. invadens* et *C. cosyra* sont ceux qui présentent les plus grandes importances économique en étant respectivement responsables de 64% et 31% des dégâts occasionnés aux mangues par les insectes de cette famille. La fluctuation des populations de ces 2 espèces inféodées à différents cultivars de mangue en fonction de leur période de maturation explique ces résultats. En effet, *B. invadens* est plus inféodé aux cultivars tardifs qui présentent les plus fortes incidences de dégâts tandis que *C. cosyra* l'est aux cultivars de début de saison d'où la plus forte importance économique de cette première espèce par rapport aux 3 autres espèces identifiées en 2009.

En identifiant les Tephritidae infestant la mangue dans les vergers de l'Ouest du Burkina Faso, cette étude confirme que les dégâts infligés par les mouches des fruits à la mangue sont le fait de plusieurs espèces et particulièrement de *B. invadens* et de *C. cosyra* qui abondent dans les vergers pendant la maturation des mangues à différents moments selon les conditions climatiques. Pour une efficacité du contrôle des dégâts des Tephritidae sur la mangue, ces résultats suggèrent le contrôle des populations de ces 2 espèces avant leur explosion dans les vergers au moment de la maturation des fruits.

4.2.4.3. Influence des facteurs abiotiques sur les dégâts occasionnés par les Tephritidae à la mangue

Les facteurs climatiques contribuent au développement des populations de Tephritidae (Bateman, 1972 ; Fletcher, 1987). Cette étude montre que la coïncidence entre les périodes de pullulation des Tephritidae dans les vergers et la maturation des différentes variétés de mangue détermine l'importance de ces dégâts. Cette situation explique donc les corrélations significatives que nous avons notées au cours de cette étude entre facteurs climatiques suivis (température, humidité relative et précipitations) et l'incidence des dégâts des Tephritidae. Ces résultats qui confirment l'influence des variations climatiques dans le développement des populations de Tephritidae et de leurs dégâts, montrent aussi à travers la faiblesse des coefficients de corrélations, que ceux-ci ne sont pas les seuls facteurs déterminants dans le développement des dégâts de Tephritidae dans les vergers de manguiers de l'Ouest du Burkina Faso qui résultent aussi de la coïncidence entre la période de maturation des différents cultivars et les pics de leurs populations.

Conclusion

Cette étude a permis d'estimer l'importance des dégâts des Tephritidae dans les vergers de l'Ouest du Burkina Faso sur la mangue qui a varié entre 0,83% sur la variété Amélie et 69,23% pour Brooks avec des taux d'infestation variant entre 1 pupe ± 3 et 55 pupes ± 95 pupes par kilogramme de fruits. Selon les variétés, l'incidence des dégâts et les taux d'infestation diffèrent significativement avec les dégâts les plus importants pour les cultivars tardifs à l'opposé des précoces. La variété Sabre a présenté la plus faible incidence moyenne (0,4%±1,9) et Keitt l'incidence moyenne la plus élevée (12,9% ±15,7). La coïncidence de la période de pullulation des Tephritidae dans les vergers avec la maturation des cultivars tardifs sont à l'origine des ces différences observées entre les différentes variétés de mangue. Il a également noté en suivant l'évolution des dégâts, que ceux-ci allaient croissant du début de la saison de mangue vers la fin de la saison où ils atteignent les valeurs maximales. Sept espèces de Tephritidae appartenant aux genres

Bactrocera et *Ceratitis* sont responsables de ces dégâts. *B. invadens* et *C. cosyra* représentent environ 97% des adultes émergés de fruits infestés dont 54,71% uniquement sont de l'espèce *B. invadens*. *C. cosyra* dont les populations sont abondantes dans les vergers au début de la saison de la mangue infeste plus les variétés de mangue arrivant à maturité en début de la saison des mangues, tandis que *B. invadens* qui pullule dans les vergers en fin de saison des mangues infeste davantage les cultivars tardifs. Cette dernière espèce est à l'origine de 64% de dégâts infligés à la mangue par les Tephritidae contre 31% pour *C. cosyra*. Enfin, la présente étude a permis de noter que la température, l'humidité relative et la pluviométrie en jouant, sur les fluctuations des populations des Tephritidae dans les vergers, influencent significativement les dégâts qu'ils occasionnent à la mangue.

Cette étude qui a permis d'identifier les Tephritidae responsables des dégâts sur la mangue dans les vergers de l'Ouest du Burkina Faso suggère des actions visant à empêcher l'explosion de leurs populations dans les vergers pour le contrôle des dégâts de ces ravageurs.

4.3. IDENTIFICATION D'AUTRES PLANTES HOTES DES TEPHRITIDAE DANS LES FORMATIONS VEGETALES RIVERAINES DES VERGERS

Introduction

Certaines Tephritidae identifiées comme les plus abondantes au cours de cette étude sont polyphages et sont signalées sur des espèces fruitières cultivées autres que le manguier et aussi sur des fruitiers non cultivés. L'exploitation de ces ressources que constituent ces autres plantes hôtes favorise le maintien de leur population hors production de mangue et contribue à les augmenter pendant cette saison. Cette situation implique donc une meilleure connaissance des autres espèces ligneuses hôtes des Tephritidae rencontrés dans les vergers pour le développement d'une meilleure approche de contrôle de leurs dégâts. Au Burkina Faso, aucune étude sur les infestations des autres espèces ligneuses par les Tephritidae n'a été conduite jusque là. Cette situation a motivé la conduite de cette étude dans les formations végétales riveraines des vergers de l'Ouest du Burkina. L'objectif de cette étude est de contribuer à une meilleure connaissance de l'écologie des mouches des fruits inféodées à la mangue au Burkina Faso. Spécifiquement, elle a pour objectifs de :

- ✓ Identifier les espèces fruitières locales et cultivées hôtes des mouches des fruits dans la périphérie de 7 vergers de manguiers de l'Ouest du Burkina,
- ✓ Identifier les espèces de mouches des fruits associées à ces plantes hôtes
- ✓ Déterminer l'incidence des dégâts et les taux d'infestation moyens des Tephritidae sur ces espèces de plantes hôtes,
- ✓ Déterminer l'influence de la présence de ces plantes hôtes dans la fluctuation de populations de Tephritidae et de leurs dégâts sur la mangue dans ces vergers.

Le présent chapitre qui synthétise les résultats de cette étude présente dans un premier temps les résultats de l'inventaire des ligneux réalisés autour de 6 vergers sites avant la présentation des autres espèces ligneuses hôtes des Tephritidae ainsi que les espèces associées à ces dégâts.

4.3.1. Inventaire des espèces ligneuses dans les formations végétales riveraines des vergers

4.3.1.1. Diversité alpha

❖ *Richesse spécifique*

L'inventaire des espèces ligneuses autour des sites d'étude à permis de recenser 2 527 individus mesurant plus de 1,5m de hauteur appartenant à 80 genres et à 105 espèces (Annexe 4). Le tableau 15 ci-dessous, présente pour les 6 sites inventoriés, la proportion de ligneux recensés et leur richesse spécifique.

Tableau 15 : Proportions des individus recensés et richesse spécifique des espèces ligneuses autour de 6 vergers sites.

Localités	Proportions de ligneux recensés (%)	Richesse spécifique
Koloko	27,8	54
Toussian-Bandougou	18,6	54
Soubakaniédougou	25,6	48
Tengrela	15,3	52
Toussiana	9,1	42
Yéguérésso	3,6	30

Source : Inventaire phytosociologique

Les sites de Koloko et Soubakaniédougou présentent le plus grand nombre de ligneux recensés autour des sites d'études. Ils représentent respectivement 27,8 % et 25,6 % de ces individus contre 3,6 % pour Yéguérésso qui présente la plus faible densité de ligneux autour du verger. Du point de vue de la richesse spécifique, ce sont les sites de Koloko et Toussian-Bandougou qui présentent les plus fortes richesses spécifiques avec 54 espèces ligneuses identifiées autour de chacun de ces vergers. Comme pour ce qui est de la densité des ligneux autour des vergers, c'est le site de Yéguérésso qui présente la plus faible richesse spécifique avec 30 espèces identifiées.

❖ *Diversité spécifique*

L'analyse de la diversité spécifique des différents sites montre de fortes valeurs des indices de diversité de Shannon et de Pielou. Le premier varie entre 3,2 pour Koloko et Toussian-Bandougou et 2,91 pour Toussiana. Le second indice de divesité spécifique est quant à lui compris entre 0,78 noté à Toussiana et 0,91 à Yéguérésso (Tableau 16). Ces valeurs élevées des indices de diversité spécifique traduisent une contribution similaire des différentes espèces à la constitution des communautés de ligneux autour des différents vergers.

Tableau 16 : Indices de diversité spécifique des espèces ligneuses autour des 6 vergers sites d'étude.

Localités	Indices de Shannon-Wienner (H')	ln (s)	Indice d'équitabilité de Piélou (E)
Koloko	3,2	3,99	0,82
Toussian-Bandougou	3,36	3,99	0,84
Soubakaniédougou	3,1	3,87	0,8
Tengrela	3,11	3,95	0,79
Toussiana	2,91	3,74	0,78
Yéguérésso	3,08	3,40	0,91

Source : Observations sur le terrain O.S. Nafiba

L'indice de Shannon est compris entre 0 et ln (s) et l'indice d'équitabilité de Pielou entre 0 et 1

4.3.1.2. Diversité bêta

Les communautés de ligneux autour des vergers site d'étude présentent pour la plupart peu de similitudes. Les sites de Koloko et de Soubakaniédougou présentent les plus fortes similitudes avec un indice de diversité de Sorensen de 0,70 soit un coefficient de similarité de Jaccard de 54,29%. Ces deux sites présentent 38 espèces ligneuses communes. Tous les autres sites présentent de faibles similitudes des communautés de ligneux qui les entoure avec des coefficients de similarité de Jaccard inférieurs à 40% dans la pluspart des cas sauf entre Tengrela et Toussiana. La plus faible similitude est notée entre Toussian-Bandougou et Yéguérésso qui ont 15 espèces communes avec un indice de diversité de Sorensen de 0,36 et un coefficient de similarité de Jaccard de 21,74 %. Le tableau 17 présente pour les communautés de ligneux autour des sites d'étude, les indices de diversité Bêta de Jaccard et de Sorensen pour les différents sites pris deux à deux ainsi que le nombre d'espèces qui leurs sont communes.

Tableau 17 : Indices de diversité bêta et nombres d'espèces ligneuses communes des communautés de ligneux autour des 6 vergers sites d'étude.

Localités comparées	Coefficients de Similarité de Jaccard	Indices de diversité de Sorensen	Nombres d'espèces communes
Koloko vs Soubakaniédougou	32,47	0,49	25
Koloko vs Tengrela	29,27	0,45	24
Koloko vs Toussian-Bandougou	54,29	0,70	38
Koloko vs Toussiana	26,32	0,42	20
Koloko vs Yéguérésso	20,00	0,33	14
Soubakaniédougou vs Tengrela	44,93	0,62	31
Soubakaniédougou vs Toussian-Bandougou	30,77	0,47	24
Soubakaniédougou vs Toussiana	37,93	0,55	22
Soubakaniédougou vs Yéguérésso	23,81	0,38	15
Tengrela vs Toussian-Bandougou	39,13	0,56	27
Tengrela vs Toussiana	44,83	0,62	26
Tengrela - Yéguérésso	33,33	0,50	18
Toussian-Bandougou vs Toussiana	31,51	0,48	24
Toussian-Bandougou vs Yéguérésso	21,74	0,36	15
Toussiana vs Yéguérésso	35,85	0,53	19

Source : Observations sur le terrain O.S. Nafiba

La distribution des espèces de ligneux par site (Annexe 3) fait ressortir que les espèces *Annona senegalensis* pers, *Parkia biglobosa* (jacq.) R. Br ex. G. Don, *Terminalia laxiflora*, *Bridelia feruginea* benth et *Vitellaria paradoxa* Gaertn.f sont les plus communément rencontrées dans tous les sites. A l'opposé, 25 espèces dont *Blighia sapida* K Konig (Ackee ackee), *Carapa procera* DC, *Adansonia digitata* L., et *Celtis integrifolia* Lam, sont rares et ne se rencontrent que dans une seule localité souvent en spécimen unique. Il est aussi noté la présence dans les formations végétales riveraines des vergers d'espèces ligneuses cultivées comme les *Citrus spp, Psidium guajava* L, *Anacardium occidentale* L. et *Elaeis guineensis* Jacq.

Autour des vergers sites d'étude, 105 espèces ligneuses de 82 genres et 62 familles ont été recensées. Ces ligneux constituent au niveau de chaque site des communautés dont la richesse spécifique varie entre 54 à Koloko et Toussian-Bandougou et 30 à Yéguérésso. Les fortes valeurs des indices de diversité bêta (indice de Shannon et indice d'équitabilité de Pielou) montrent des contributions quasi égales des différentes espèces à la constitution de ces communautés. La diversité bêta a été analysée à partir de l'indice de diversité bêta de Sorensen et du coefficient de similarité de Jaccard. Les valeurs obtenues pour ces deux indices révèlent une faible similarité des communautés de ligneux autour de la plupart des sites. Koloko et Toussian-Bandougou constituent les sites qui présentent la plus grande similarité de communauté. *A. senegalensis*, *P. biglobosa* et *V. paradoxa* sont des espèces communes à tous les sites.

4.3.2. Autres plantes hôtes des Tephritidae autour des vergers sites

4.3.2.1. Identification (Photos 14 à 19)

Treize espèces de plantes hôtes appartenant à 10 familles différentes ont été identifiées au cours de cette étude dans les formations végétales riveraines des vergers sites. Le tableau 18 présente la liste des espèces ligneuses hôtes des Tephritidae identifiées autour des vergers sites ainsi que quelques caractéristiques de leurs fruits. Parmi ces plantes hôtes, 3 espèces dont 2 de la famille des Rutaceae (*Citrus reticulata* Blanco et *Citrus sinensis* (L.) Osbeck) et 1 de la famille des Myrtaceae (*P. guajava*) sont des espèces cultivées à la différence des 10 autres espèces hôtes qui ne sont pas domestiquées. Les photos 14 à 19 montrent des fruits de quelquess ligneux hôtes des Tephritidae identifiés ainsi que les dégâts de ces derniers sur les fruits infestés.

Tableau 18 : Liste des autres plantes hôtes des Tephritidae identifiées au cours de l'étude

Familles	Genres et espèces	Noms communs	Types et caractéristiques des fruits
Anacardiaceae	*Sclerocarya birrea (A.Rich) Hochst*	Marula ou prunier d'Afrique	Drupe globuleuse glabre, jaune à maturité, peau épaisse, contient un noyau épais.
Annonaceae	*Annona senegalensis Pers.*	Annone du Sénégal	Baie globuleuse et charnue, orange à maturité, avec une odeur d'ananas.
Apocynaceae	*Landolphia heudoletii A. DC.*	liane à caoutchouc	Baie globuleuse, orange à maturité, graines noyées dans une pulpe plus ou moins gélatineuse blanc crème.
	Saba senegalensis (A.DC.) Pichon	Liane goïne	Baie ovoïde, orange à maturité, pulpe blanc jaunâtre légèrement translucide.

Source : Adapté de Arbonnier 2002 et Vayssières et al., 2009 c

Tableau 18 *(Suite 1)* : Liste des autres plantes hôtes des Tephritidae identifiées au cours de l'étude

Familles	Genres et espèces	Noms communs	Types et caractéristiques des fruits
Logoniaceae	*Strychnos innocua Del.*		Fruit sphérique, à coque lisse, dure et cassante, jaune à maturité, graines noyées dans une pulpe visqueuse orangée.
	Strchnos spinosa	Orange du Natal	Fruit sphérique, à coque lisse, dure et cassante, jaune à maturité, graines noyées dans une pulpe visqueuse orangée
Moraceae	*Ficus ingens (Miq.) Miq*	Figuier	Figues globuleuses ou obovoïdes, plus ou moins tomenteux, rougeâtres à maturité.
Rubiaceae	*Sarcocephalus latifolius (Smith) Bruce*	Pêcher africain	Baie charnue, irrégulièrement globuleuse, rouge à marron foncé à maturité, très nombreuses graines noyées dans une chair rosée.
Rutaceae	*Citrus reticulata (L.) Blanco*	Mandarinier	Baie globuleuse, juteuse de couleur orange à maturité. Epicarpe contient une huile essentielle.

Source : Adapté de Arbonnier 2002 et Vayssières et al., 2009 c

Tableau 18 *(Suite 2)* : Liste des autres plantes hôtes des Tephritidae identifiées au cours de l'étude

Familles	Genres et espèces	Noms communs	Types et caractéristiques des fruits
Rutaceae	*Citrus sinensis (L.) Osbeck*	Oranger	Baie globuleuse, juteuse de couleur orange à maturité. Epicarpe contient une huile essentielle.
Sapotaceae	*Vitellaria paradoxa Gaertn. f.*	Karité	Drupe ovoïde, vert jaunâtre à maturité, contenant une seule graine noyée dans une pulpe charnue et sucrée.
Flacourtiaceae	*Flacourtia indica*	Prunier malgache	Petits fruits bacciformes contenant des graines aplaties. De couleur grenat ou rougeâtre à maturité.
Myrtaceae	*Psidium guajava*	Goyavier	Baie ronde et jaune à maturité, de forme variable. La pulpe du fruit très parfumée, de couleur rosée ou blanche.

Source : Adapté de Arbonnier 2002 et Vayssières et al., 2009 c

Photo: O.S.Nafiba

Photo 14 : Fruit de *Sarcocephalus latifolius*

Photo: O.S.Nafiba

Photo 15 : Pulpe de *Sarcocephalus latifolius* contenant des larves de Tephritidae

Photo: O.S.Nafiba

Photo 16 : Fruit de *saba senegalensis*

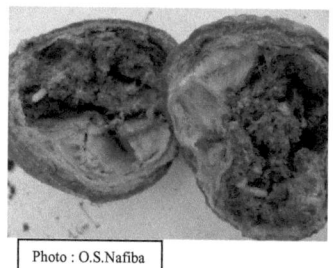

Photo: O.S.Nafiba

Photo 17 : Fruit de *saba senegalensis* contenant des larves de Tephritidae

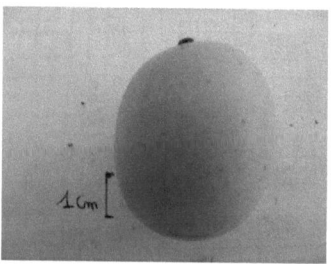

Photo: O.S.Nafiba

Photo 18: Fruit de *Sclerocarya birrea*

Photo: O.S.Nafiba

Photo 19 : Fruits de *Slerocarya birrea* infestés par des Tephritidae

4.3.2.2. Importance des dégâts

❖ *Incidence des dégâts*

L'incidence moyenne des dégâts des Tephritidae sur les autres ligneux hôtes au cours des 2 années de suivi a varié entre 5% sur *Ficus ingens* (Miquel) Miquel et 77,34 sur *Sarcocephalus latifolius* (Smith) Bruce. La figure 12 présente pour différentes espèces, l'incidence moyenne des dégâts de Tephritidae enregistrée en 2008 et en 2009. Une grande variabilité des infestations à été notée our certaines espèces au cours de ces deux années d'observation. Pour les espèces régulièrement infestées pendant le suivi il n'a pas été noté de différences significatives entre l'incidence des dégâts de ces plantes hôtes (F = 1,367, P = 0,316).

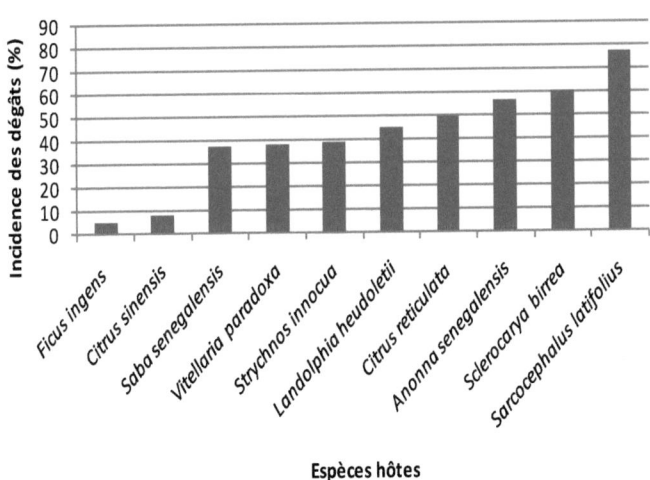

Figure 12 : Incidences moyennes des Tephritidae sur différentes espèces hôtes identifiées autour des vergers sites au cours de l'étude

❖ *Taux d'infestation*

Le dispositif d'incubation des fruits des autres espèces ligneuses en 2008 a permis de déterminer le taux d'infestation de ces espèces par les Tephritidae dont les résultats sont présentés dans le tableau 19. Le nombre moyen de pupes de mouches des fruits par

100 g de fruits frais enregistré au cours de ce suivi varie entre 3 pour l'espèce *Ficus ingens* et 91 pour *Annona senegalensis*.

Tableau 19 : Densités moyennes de pupes de mouches des fruits (par 100 g de fruits frais) des espèces de plantes hôtes identifiées en 2008.

Espèces hôtes	Densités moyennes de pupes
Anonna senegalensis	91
Ficus ingens	3
Landolphia heudoletii	46
Saba senegalensis	10
Sarcocephalus latifolius	70
Sclerocarya birrea	47
Strychnos inoccua	24
Vitellaria paradoxa	15

Source : *Observations sur le terrain O.S. Nafiba*

Treize autres espèces ligneuses hôtes des Tephritidae appartenant à 10 familles de plantes ont été identifiées dans les formations végétales riveraines des vergers sites. Parmi ces espèces 13 *Psidium guajava*, *Citrus reticulata* et *Citrus sinensis* sont des espèces cultivées et les 10 autres sont non domestiquées. Au cours de cette étude, il a été noté que selon les espèces, l'incidence des dégâts et les taux d'infestation par les Tephritidae varient. *Ficus ingens* avec 5% était l'espèce la moins infestée tandis que *Sarcocephalus latifolius* avec 77,34 était la plus infestée. Du point de vue infestation, c'est *Annona senegalensis* qui a présenté la plus forte infestation en 2008 avec 91 pupes par 100g de fruits infestés ± 63.

4.3.3. Espèces de Tephritidae associées aux dégâts

4.3.3.1.   Identification et abondance des espèces associées
Sept espèces de Tephritidae appartenant aux genres *Bactrocera*, *Dacus* et *Ceratitis* ont été identifiées à partir de fruits d'autres ligneux collectés dans les formations végétales

riveraines des vergers. Une de ces espèces est du genre *Bactrocera* (*B. invadens*), une autre du genre *Dacus* (*D. vertebratus*) et les 6 autres du genre *Ceratitis*. Les espèces du genre *Ceratitis* identifiées sont : *C. bremii*, *C. cosyra*, *C. fasciventris*, *C. punctata* ou la mouche des fruits du Cacao, *C. silvestrii* et *C. quinaria*. Toutes les 7 espèces ont été identifiées au cours de la première année d'étude (2008), contre 3 (*B. invadens*, *C. cosyra* et *C. silvestrii*) identifiées au cours de la deuxième année (2009).

Les proportions dans les émergences des adultes de chacune des espèces identifiées pour chaque année ainsi que pour l'ensemble de la période de suivi sont présentées dans le tableau 20. Ce tableau montre que *C. cosyra* est l'espèce la plus abondante dans les émergences de Tephritidae à partir des fruits des autres ligneux hôtes pour chacune des 2 années de suivi. Elle représente 86,04% de l'ensemble des adultes émergés au cours de cette étude contre 0,03% pour *D. vertebratus* qui est l'espèce la moins abondante. On note par ailleurs que *B. invadens* a présenté une faible émergence durant toute la période couverte par la présente étude (2,26% des émergences enregistrées) au cours des 2 années de suivi. Cette espèce a connu une très faible émergence en 2009 (0,5%) par rapport à 2008.

Tableau 20 : Proportions (%) des adultes des espèces de Tephritidae associées aux dégâts sur les autres ligneux hôtes au cours des 2 années de suivi.

Périodes de suivi	Proportions en % des adultes éclos						
	C. cosyra	*C. silvestrii*	*C. punctata*	*B. invadens*	*C. quinaria*	*C. fasciventris*	*D. vertebratus*
2008	80,2	4,6	11,1	3,4	0,5	0,1	0,1
2009	94,8	4,7	-	0,5	-	-	-
2008 et 2009	86,04	4,66	6,64	2,26	0,31	0,06	0,03

Source : Observations sur le terrain O.S. Nafiba

4.3.3.2. Distribution des espèces associées aux dégâts selon les plantes hôtes

La distribution des mouches des fruits selon les plantes hôtes identifiées montre que, *C. cosyra* est l'espèce la plus fréquente sur ces plantes. Elle a été collectée à partir de 9 des 13 espèces de plantes hôtes identifiées. *B. invadens* et *C. punctata* ont quant à elles été collectées respectivement à partir des fruits de 7 et 6 des 13 espèces de plantes hôtes identifiées. *C. quinaria* et *D. vertebratus* n'ont été identifié chacun qu'à partir d'une seule plante hôte (*V. paradoxa* pour le premier et *L. heudoletii* pour le second). Pour les différentes plantes hôtes, le Tableau 21 présente la diversité des mouches des fruits qui ont émergé et leur proportion dans l'ensemble des émergences enregistrées au cours de cette étude. On peut retenir que les plus fortes émergences de *C. cosyra* ont été notées à partir d'*A. senegalensis* (38,84%) et de *S. birrea* (22,12%). Pour *C. punctata*, ses émergences sur *Saba senegalensis* sont les plus importantes et dominent celles des autres espèces qui y sont rencontrées. *B. invadens* quant à lui présente sa plus forte émergence (1,50%) sur *V. paradoxa* espèce sur laquelle les éclosions de *C. silvestrii* dominent celles des autres Tephritidae.

Tableau 21: Proportions des espèces de Tephritidae émergées et identifiés selon les plantes hôtes qu'elles infestent.

Ligneux hôtes	Proportions d'adultes émergés par rapport l'ensemble des émergences observées						
	C. cosyra	*C. silvestrii*	*C. quinaria*	*C. fasciventris*	*C. punctata*	*B. invadens*	*D. vertebratus*
Annona senegalensis	38,84	0,39	0	0	0	0	0
Citrus reticulata	0	0	0	0	0	0,15	0
Citrus sinensis	0	0	0	0	0,03	0	0
Flacourtia indica	0,09	0	0	0	0	0	0
Landolphia heudoletii	6,20	0	0	0,03	0,45	0	0,03
Psidium guayava	0,90	0	0	0	0	0,39	0
Saba senegalensis	2,01	0	0	0	5,75	0	0
Sarcocephalus latifolius	11,75	0	0	0	0,06	0,06	0
Sclerocarya birrea	22,12	0	0	0	0	0,03	0
Strychnos inoccua	3,24	0,09	0	0,03	0,12	0,06	0
Vitellaria paradoxa	0,09	4,08	0,30	0	0,06	1,50	0
Total	86,39	4,55	0,30	0,06	6,47	2,19	0,03

Source : *Observations sur le terrain O.S. Nafiba*

Parmi les autres ligneux hôtes des Tephritidae, *V. paradoxa* et *S. inoccua* sont les espèces sur lesquelles on observe le plus grand nombre de Tephritidae. On compte sur chacune de ces espèces, 5 des 7 espèces de Tephritidae identifiées. *C. reticulata, C. sinensis* et *F. indica* par contre n'ont été infestés que par une espèce de Tephritidae *B. invadens* pour le premier, *C. punctata* pour le second et *C. cosyra* pour le troisième.

Les espèces ligneuses hôtes des Tephritidae recensées autour des sites d'étude sont infestées par 7 espèces de Tephritidae des genres *Bactrocera* avec *B. invadens, Dacus* avec *D. vertebratus* et *Ceratitis* avec 5 espèces. *C. cosyra* une des 5 espèces du genre *Ceratitis*, a été la plus abondante dans les émergences de Tephritidae (86,39% de l'ensemble des adultes éclos) contre 2,19% pour *B. invadens*. *D. vertebratus* avec 0,03% des émergences enregistrées était l'espèce qui a été la moins abondamment rencontrée dans ces infestations. Selon les plantes hôtes cette étude a permis de noter que *V. paradoxa* et *S. inoccua* sont les espèces sur lesquelles on observe le plus grand nombre de Tephritidae à l'opposé de *C. reticulata, C. sinensis* et *F. indica*. En ce qui concerne les espèces de Tephritidae, *C. cosyra, C. punctata* et *B. invadens* sont celles qui infestent régulièrement les autres espèces ligneuses autour des vergers sites. La première a été retrouvée sur 9 de ces plantes hôtes identifiées et les 2 autres sur 6 d'entre elles.

4.3.4. Influence des plantes hôtes dans les fluctuations de population de Tephritidae et leurs dégâts sur la mangue

4.3.4.1. Influence sur la fluctuation des populations

Selon les résultats de l'analyse de corrélation, la richesse spécifique des ligneux (SL) ainsi que le nombre de ligneux hôtes des Tephritidae (SLh) influence significativement les captures des femelles de *B. invadens* et *C. cosyra*. Ces corrélations sont significatives et positives. Ces corrélations ne sont pas significatives dans le cas des captures des femelles de *C. silvestrii*.

Pour ce qui est des fluctuations de populations des mâles, celles de *B. invadens* sont significativement influencées par la richesse spécifique des ligneux autour des vergers et par le nombre de ligneux hôtes des Tephritidae. Pour *C. cosyra*, il n'y a pas de corrélations significatives avec ces deux facteurs tandis que, seul le nombre de ligneux hôte des Tephritidae, influence les captures des mâles de *C. silvestrii*. Dans les cas de corrélations significatives, elles sont positives dans le cas du suivi de *B. invadens,* et négatives pour *C. silvestrii*. Les résultats de ces analyses de corrélation sont présentés dans le tableau 22 où on note la faiblesse des coefficients de corrélations dont le plus élevé compris en valeur absolue entre 0,003 et 0,15.

Tableau 22 : Coefficients de corrélation et valeurs des probabilités entre les fluctuations de populations de Tephritidae et la richesse spécifique des ligneux autour des sites d'étude.

Espèces		Richesse spécifique des ligneux (SL)		Nombre d'espèces de ligneux hôtes (SLh)	
		Valeurs de la probabilité	*coefficient de corrélation de Pearson*	*Valeurs de la probabilité*	*coefficient de corrélation de Pearson*
B. invadens		< 0,0001	0,115	< 0,0001	0,154
C. cosyra	Femelles	0,017	0,048	< 0,0001	0,0001
C. silvestrii		0,866	0,003	0,171	0,027
B. invadens		< 0,0001	0,097	< 0,0001	0,116
C. cosyra	Mâles	0,450	0,015	0,380	0,018
C. silvestrii		0,137	-0,030	0,000	-0,072

Source : Observations sur le terrain O.S. Nafiba

4.3.4.2. Influence sur les dégâts

L'analyse de corrélation entre l'incidence des dégâts des Tephritidae et la richesse spécifique des ligneux ainsi que le nombre d'espèces de ce groupe hôte des Tephritidae montre l'existence de corrélations significatives positives avec ces deux paramètres (r

= 0,209; p = 0,000 pour SL et r = 0,229; p = < 0,0001 pour SLh). Ces deux facteurs influencent aussi de façon positive, les taux d'infestation des mangues par les Tephritidae (r = 0,162, p = 0,005 pour SL et r = 0,170, p = 0,003 pour SLh).

Les fluctuations des populations de femelles de *B. invadens* et *C. cosyra* sont significativement influencées par la richesse spécifique des ligneux autour des vergers et par le nombre des espèces hôtes recensées. En ce qui concerne le nombre de mâles de *B. invadens* capturés, il est positivement influencé par la richesse spécifique des ligneux autour des vergers. Aussi le nombre d'espèces infestées augmentent les populations. Ces deux facteurs influencent aussi significativement l'incidence des dégâts des Tephritidae sur la mangue ainsi que le taux d'infestation.

4.3.5. Discussion

4.3.5.1. Diversité des espèces ligneuses dans les formations végétales riveraines des vergers

En recensant 105 espèces ligneuses dans les formations végétales riveraines des vergers sites de l'étude, l'inventaire de ces espèces montre l'existence d'une grande diversité de ligneux fruitiers (entre 54 et 30 espèces par site) susceptibles d'être infestés par les Tephritidae autour de ces sites. La comparaison des communautés de ligneux autour de ces différents vergers montre qu'elles sont suffisamment dissemblables en termes de composition et d'abondance d'espèces. La localisation des sites d'étude dans l'une des régions les plus boisées du Burkina Faso (Lerebours et Ménager, 2005) explique la grande diversité des ligneux autour des différents vergers sites. La situation de ces vergers dans les différents villages explique les différences de richesse spécifique notée entre les différents sites. En effet, c'est autour des vergers situés à proximité des zones d'habitation (Yéguérésso et Toussiana) que les plus faibles richesses spécifiques de ligneux ont été notées. Cette position à proximité des zones d'habitation conduit à une perturbation des formations végétales riveraines de ces sites à cause des activités humaines qui y sont menées (Sangne *et al.*, 2008 ; Belgherbi et Benabdeli, 2010). La dissemblance des communautés de ligneux autour des différents sites s'explique aussi par les activités humaines menées même dans les zones éloignées des agglomérations (brousse) où se situent la plupart des sites d'étude. En effet, bon nombre de ces sites sont bordés de champs de cultures annuelles et certaines sont voisines de plantations d'autres espèces fruitières cultivées. La mise en place de ces champs et autres plantations occasionne ainsi la modification des formations végétales autour des différents sites à travers le défrichage qui sélectionne certaines essences ligneuses à cause de l'utilité qu'elles représentent pour les populations (Sangne et al., 2008 ; Belgherbi et Benabdeli, 2010). L'activité humaine conduit aussi à l'enrichissement de ces formations végétales à travers l'introduction d'espèces exotiques fruitières (*A. occidentale, E. guineensis, P. guajava, Citrus* sp.) ou non dans le cadre de reboisement (*Gmelina arborea, Eucalyptus* sp).

Cette étude prospective, en permettant de connaître la diversité des ligneux fruitiers autour des vergers de manguiers de l'Ouest du Burkina Faso, renseigne sur la disponibilité d'autres ressources alimentaires que le manguier susceptibles d'être utilisées par les Tephritidae qui infestent la mangue.

4.3.5.2. Identification des autres plantes hôtes des Tephritidae autour des vergers sites et des Tephritidae associés

Bien que des études sur les plantes hôtes des mouches des fruits aient déjà été conduites en Afrique et ailleurs dans le monde, la nôtre est la première au Burkina Faso en ce qui concerne l'identification des fruitiers locaux hôtes des mouches des fruits inféodées au manguier. Elle a permis d'identifier parmi les 105 espèces ligneuses recensées autours des vergers sites 13 autres plantes hôtes des Tephritidae dont 10 fruitiers locaux. Ces autres plantes hôtes que nous avons identifiées ont également été rapportées comme hôtes des Tephritidae en Afrique par Vayssières (2000) et Mwatawala (2006 a). Les caractéristiques de ces fruits (charnus pour la plupart) justifient leur infestation par les Tephritidae à la différence des autres qui ne le sont pas et qui sont pour la plupart des fruits secs (gousses, siliques, samares, akènes). Ainsi, selon Fletcher (1987) la prédisposition des fruits des plantes hôtes pour l'oviposition et le développement des larves des mouches des fruits explique l'attraction des mouches vers elles. Aussi, la diversité des caractéristiques physico-chimiques de ces fruits peut expliquer les différences d'incidence des dégâts et de taux d'infestation notées pour ces différentes espèces (Metcalf, 1990).

Comme dans le cas de la mangue, la période de fructification des autres plantes hôtes contribue aussi à leur forte infestation surtout si elle coïncide avec des pullulations des Tephritidae. C'est le cas de *S. birrea* (Marula) qui fructifie en début de saison des mangues et qui est fortement infesté par *C. cosyra* aussi appelé Marula Fruit fly.

Certaines espèces ligneuses recensées au cours de cette étude n'ont pas présenté d'infestation alors qu'elles sont signalées comme hôtes des Tephritidae par d'autres études. C'est le cas d'*Anacardium occidentale* cité par Vayssières *et al.* (2005) comme hôte des Tephritidae dans une étude réalisée au Bénin. Cette situation pourrait s'expliquer par les conditions climatiques défavorables à la pullulation des Tephritidae dans cette zone pendant la période de fructification de ces plantes hôtes. En effet, *A. occidentale* entre en fructification dans l'Ouest du Burkina Faso avant la mangue à une période chaude et sèche particulièrement peu favorable à la pullulation de *B. invadens*.

Sept espèces de Tephritidae dont 1 du genre *Bactrocera*, 5 du genre *Ceratitis* et 1 du genre *Dacus* ont été identifiées à partir des fruits des autres plantes hôtes infestées. Les espèces du genre *Ceratitis* ont été les plus fréquemment et les plus abondamment rencontrées au cours des émergences. A l'exception de *D. vertebratus*, ces différentes espèces ont été identifiées à partir de plusieurs plantes hôtes. Les espèces de mouches identifiées à partir de ces plantes hôtes sont signalées par divers auteurs comme s'attaquant aussi à la mangue au Burkina Faso (Ouédraogo, 2007) et ailleurs en Afrique (Noussourou et Diarra, 1995 ; Vayssières et Kalabane, 2000 ; Vayssières *et al*, 2004; Vayssières *et al.*, 2005 ; Ekesi *et al.*, 2006 ; Hala *et al.*, 2006 ; Mwatawala *et al.*, 2006). La polyphagie de ces espèces explique le fait que certaines se retrouvent sur plusieurs des plantes hôtes identifiées. Vayssières *et al.* (2008a et b) signalent que *B. invadens* est une espèce très polyphage, *C. cosyra* une espèce polyphage et *C. silvestrii* une espèce oligophage. D'origine africaine les espèces de Cératites (Carrol *et al.* 2002) plus adaptées à la zone d'étude pourraient avoir développé une relation étroite avec les plantes de leur milieu naturel (Metcalf, 1990), d'où leur abondance et leur plus grande diversité dans les infestations des autres plantes hôtes identifiées autour des vergers.

Compte tenu de leur période de fructification qui ne coïncide pas toujours avec celle de la mangue, ces ligneux hôtes des Tephritidae offrent des conditions (ressources alimentaires) favorables à la pérénisation des populations de Tephritidae qui infestent les manguiers.

En identifiant des ligneux hôtes des Tephritidae qui infestent la mangue dans les formations végétales riveraines des vergers de manguier de l'Ouest du Burkina Faso, cette étude contribue à une meilleure connaissance de l'écologie de ces ravageurs dans la zone. Ces hôtes dont la fructification est étalée tout au long de l'année constituent d'autres ressources alimentaires exploitées par ces ravageurs du manguier même en période hors fructification des manguiers. Cette situation qui contribue à maintenir les populations de ces ravageurs en période hors production de mangue suggère pour le succès du contrôle de leurs populations, la prise en compte de ces plantes hôtes dans le développement des stratégies de lutte contre les des mouches des fruits dans les vergers. Cette étude montre par ailleurs que des essences fruitières locales subissent aussi les dégâts des Tephritidae, toute chose qui peut compromettre la valorisation de ces espèces fruitières s'ils ne sont pas pris en compte dans les stratégies de valorisation des fruitiers locaux.

4.3.5.3. Influence de l'abondance des autres plantes hôte sur la fluctuation des populations et l'importance de dégâts de Tephritidae dans les vergers

Les analyses statistiques réalisées au cours de cette étude montrent que plus la diversité des ligneux est grande autour des vergers, plus les captures des mâles de *B. invadens* sont importantes dans ces vergers. Il en est de même pour le nombre des ligneux hôtes des Tephritidae identifiés autour des vergers. D'autre part, nous avons aussi noté que l'importance des dégâts des Tephritidae sur la mangue augmente avec le nombre d'espèces ligneuses hôtes de ces insectes autour du verger. La grande diversité des ligneux fruitiers autour des vergers traduit la disponibilité de ressources alimentaires potentielles utilisables par ces ravageurs. Le grand nombre de plantes hôtes réellement infesté, exprime la disponibilité et l'abondance autour d'un verger d'autres ressources alimentaires exploitables par les Tephritidae. L'abondance de ces autres ressources alimentaires pour les Tephritidae leur offre des conditions favorables pour leur multiplication (Bateman, 1972, Dalby-Ball et Meats 2000a, 2000b, Fletcher, 1987) et contribue ainsi à une augmentation des populations de ces ravageurs comme nous l'avons observé avec les mâles de *B. invadens*. L'accroissement des populations de Tephritidae dans les vergers de manguiers entraînera au moment de la maturation des mangues, des dégâts plus importants, ce qui explique l'accroissement des dégâts que nous observons avec l'augmentation du nombre de ligneux hôtes des Tephritidae et de celui des ligneux fruitiers autour des vergers.

En mettant en évidence, l'influence de la diversité des ligneux et de l'abondance de ces espèces hôtes des Tephritidae présents autour des vergers sur l'augmentation de leurs populations et des dégâts qu'ils occasionnent à la mangue dans les vergers, le travail que nous avons réalisé confirme le rôle de ces plantes dans la conservation des populations de ces ravageurs et la réinfestation des vergers de manguiers. Avec des périodes de fructifications différentes qui s'étalent sur toute l'année selon les espèces, ces autres plantes hôtes des Tephritidae peuvent être qualifiées de « réservoir » des Tephritidae qui infestent la mangue. Elles permettent la conservation de leurs populations hors saison de mangues et la réinfestation des vergers au moment de la fructification des manguiers.

Conclusion

Au cours de cette étude, 105 espèces ligneuses de 82 genres et 62 familles ont été recensées autour des vergers sites de l'étude avec une richesse spécifique variant entre 30 espèces pour le site de Yéguérésso et 54 pour celui de Koloko. *A. senegalensis*, *P. biglobosa* et *V. paradoxa* sont les espèces communes à tous les sites d'étude. L'analyse de la diversité Alpha fait ressortir des valeurs élevées des indices (Indices d'équitabilité de Pielou compris entre 0,78 et 0,91), preuve que dans chaque site, toutes les espèces contribuent de façon quasi équitable à la constitution de la communauté de ligneux. Ces dernières présentent peu de similitude au regard des indices de diversité Bêta de Sorensen qui varient entre 0,33 et 0,70. La situation des vergers à proximité ou non des zones d'habitation ainsi que les activités humaines dans ces formations végétales influencent la richesse spécifique et l'abondance des différentes espèces ligneuses autour des sites d'étude.

Parmi ces espèces recensées, 13 ont été identifiées dans l'ensemble de la zone d'étude comme hôtes des Tephritidae. Trois de ces espèces sont des espèces fruitières cultivées (*C. reticulata*, *C. sinensis* et *P. guajava*) et les 10 autres des essences locales. L'importance des dégâts et des infestations varie significativement selon les espèces à cause de leur caractéristiques physico chimiques qui se prêtent plus ou moins au développement des larves de Tephritidae. *S. birrea* présente la plus forte incidence des dégâts (89,4 % ± 15,0) tandis que le plus fort taux d'infestation a été noté sur *A. senegalensis* (91pupes /100g de fruits infestés ± 63). Les infestations des ces autres plantes hôtes sont le fait de 7 espèces de Tephrititae qui infestent aussi la mangue. Elles appartiennent à 3 genres dont *Bactrocera* (*B. invadens*), *Dacus* avec *D. vertebratus* et *Ceratitis*. Ce dernier genre, endémique en Afrique, plus adapté aux conditions environnementales locales présente la plus grande diversité d'espèces ravageuses avec 5 espèces dont *C. cosyra*. Cette espèce est la plus abondante et la plus fréquemment associée aux dégâts. *B. invadens* la nouvelle espèce invasive en Afrique se retrouve aussi sur certaines de ces essences. La polyphagie de ces Tephritidae leur permet d'infester plusieurs hôtes dont les fruits sont disponibles même en dehors de la période de fructification des mangues ce qui permet un maintien de leurs populations. En offrant ainsi d'autres ressources alimentaires pour les larves des Tephritidae, l'abondance de ces autres plantes hôtes impacte positivement les populations de *B. invadens* dans les vergers et l'incidence des dégâts des Tephritidae sur la mangue.

Ce travail qui a permis d'identifier d'autres plantes hôtes des mouches des fruits autour des vergers de manguiers de l'Ouest du Burkina Faso, renforce les connaissances sur l'écologie de ces ravageurs du manguier dans cette zone. L'influence des ces ligneux que l'on pourrait qualifier de « réservoir » de Tephritidae sur la fluctuation de leurs populations et l'importance des dégâts qu'ils occasionnent sur la mangue suggère leur prise en compte aussi bien dans le développement d'une stratégie de lutte contre ces ravageurs que dans celle qui concernera la valorisation des essences fruitières locales qu'ils infestent.

V. CONCLUSION GENERALE

Ce travail a été conduit dans le but d'améliorer les connaissances sur l'écologie des mouches des fruits qui infestent les mangues dans les vergers de l'Ouest du Burkina Faso. Trois hypothèses de travail ont guidé nos recherches :

1) Il existe une diversité de Tephritidae inféodés aux vergers de manguiers de l'Ouest du Burkina Faso qui est homogène pour toute la zone.

2) Les dégâts des mouches des fruits sur la mangue sont le fait de plusieurs espèces et leur importance varie selon les cultivars de manguiers.

3) Il existe des plantes hôte des Tephritidae ravageurs du manguier dans les formations végétales riveraines des vergers qui influencent significativement la fluctuation de leurs populations dans les vergers et l'importance de leurs dégâts sur la mangue.

Après deux années de collectes de données sur le terrain, les investigations ont permis de mieux comprendre la dynamique spatio-temporelle des mouches des fruits de la mangue dans cette région, contribuant ainsi à l'amélioration des connaissances de la biologie et de l'écologie de ces ravageurs.

La vérification la première hypothèse de travail a permis de montrer l'existence dans les vergers de manguiers de la zone d'étude de 18 espèces de Tephritidae pour la plupart d'origine africaine. Parmi elles, 2 espèces dominantes qui représentent environ 95% des captures. Il s'agit de *B. invadens* la nouvelle espèce de mouche invasive du complexe *B. invadens* et de *Ceratitis cosyra* une mouche des fruits endémique en Afrique et inféodée au manguier. Par ailleurs, cette étude a montré que la diversité spécifique de ces ravageurs dans la zone d'étude ne variait pas d'une localité à l'autre. Le suivi de la fluctuation des populations des deux principales espèces nous a permis de noter l'abondance des femelles dans les vergers non seulement pendant la période de fructification mais encore, plus étonnant, pendant la période de floraison des arbres. Ce travail a également relevé qu'en plus de la disponibilité des mangues, l'augmentation de l'humidité avec l'installation des précipitations pendant la saison des pluies était un autre facteur déterminant pour le développemnt des populations de *B. invadens*.

En vérifiant la deuxième hypothèse de travail, cette étude a montré que les dégâts des Tephritidae varient, dans la zone d'étude, entre 0% en début de saison de la mangue et près de 70% en fin de saison, sont dûs à 7 espèces des genres *Bactrocera* et *Ceratitis*. *B. invadens* la seule espèce du genre *Bactrocera* identifiée sur la mangue à l'Ouest du Burkina est responsable de près de 65% de ces dégâts tandis que *C. cosyra,* l'espèce du genre *Ceratitis* la plus abondante, est à l'origine d'environ 30% de ces dégâts. L'importance des infestations de ces fruits par les Tephritidae est variable au cours de la saison, ainsi c'est à la pleine saison de la mangue (entre mai et juin dans l'agro-écosystème étudié) que ces dégâts sont les plus importants. Selon les cultivars de manguiers, l'importance des dégâts des Tephritidae varie aussi avec le cultivar. Les cultivars tardifs comme Keitt et Brooks ont toujours présenté les plus fortes incidences de dégâts sans doute enraison d'une période de maturation qui coincide avec les pics de populations des mouches (particulièrement *B. invadens*).

Les investigations que conduites dans la vérification de la 3ème hypotthèse de recherche ont permis, d'identifier 13 autres espèces de ligneux fruitiers hôtes des Tephritidae autour des vergers. En dehors de *Citrus reticulata, C. sinensis* et *Psidium guajava* qui sont des espèces fruitières cultivées, les 10 autres plantes hôtes sont des essences locales non domestiquées. Ces plantes hôtes sont infestées par 6 des 7 espèces de Tephritidae identifiées à partir des mangues infestées. *Sarcocephalus latifolius* et *Sclerocarya birrea* sont les espèces qui présentent les plus fortes incidences de dégâts (respectivement 77% et 60%). *C. cosyra et B. invadens* sont là aussi les Tephritidae les plus couramment rencontrés en plus de *C. punctata*. Ces plantes hôtes qui ont une fructification plus étalée dans le temps constituent des plantes « refuges » et permettent le maintien de populations résiduelles de Tephritidae en dehors de la saison de la mangue. Le nombre et la diversité de ces plantes hôtes influencent significativement l'abondance dans les vergers des populations des principales espèces de Tephritidae et l'incidence de leurs dégâts sur les mangues.

Cette étude a apporté de nouvelles données qui permettent de constituer une première base d'informations scientifiques sur les Tephritidae ravageurs du manguier au Burkina Fasso. Cependant, pour plus de succès dans le développement futur d'actions de lutte contre ces ravageurs, cette étude régionale devra, compte tenu de la complexité des relations entre ces ravageurs et leur milieu de vie, être renforcée par l'extension de la zone d'investigation. Ceci permettra d'une part un plus grand recensement des autres plantes hôtes de ces ravageurs et d'autre part la prise en compte des variations agro-écologiques.

REFERENCES BIBLIOGRAPHIQUES

Adandonon, A., Vayssières, J.F., Sinzogan, A.A.C., Van Mele P. 2009. Density of pheromone sources of the weaver ant Oecophylla longinoda affects oviposition behaviour and damage by mango fruit flies (Diptera:Tephritidae). *International journal of pest management*, 55 (4), 285-292.

Amévoin, K., Sanbena, B.B., Nuto, Y., Gomina, M., de Meyer, M. Glitho, I.A. 2009. Les mouches des fruits (Diptera : Tephritidae) au Togo: inventaire, prévalence et dynamique des populations dans la zone urbaine de Lomé. *International Journal of Biological and Chemical Sciences* 3(5) 912-920.

APROMAB (non publié). Bilan de la campagne mangue 2010 au Burkina Faso. Association Inter Professionnel de la Mangue du Burkina (APROMAB), Bobo-Dioulasso.

Arbonnier, M. 2002. Arbres, Arbustes et Lianes des Zones Sèches d'Afrique de l'Ouest (2ème Ed). CIRAD-MNHN, Paris, 573 pp.

Arbonnier, M. 2000. Arbres, arbustes et lianes des zones sèches d'Afrique de l'Ouest. Ed. CIRAD, 539 p.

Asperen, K.V. 1958. The mode of action of an organophosphorus insecticide (DDVP), Some Experiments and Theorical discussion. *Entomologia Experimentalis et Applicata* 1 130-137.

Baker, A.C., Stone, W.E., Plummer, C.C., McPhail, M. 1944. A review of studies on the Mexican fruit fly and related Mexican species. *U.S. Department of Agriculture. Miscelaneous. Publications* 531. 155 pp.

Bateman, M.A. 1968. Determinants of abundance in a population of the Queensland fruit fly. *Symposium of the Royal Entomological Society of London* 4:119-31.

Bateman, M.A., Boller, E.F., Bush, G.L., Chambers, D.L., Economopoulos, P., Fletcher B.S.,1976. Fruit flies. In *Studies in Biological Control*, ed. V. L. Delucchi, 1:1149. Cambridge: Cambridge University. Press. 304 pp.

Bateman, M.A., 1972. The ecology of fruit flies. *Annual Review of Entomology* 17:493-518.

Bateman, M.A., Sonleitner, F.J. 1967. The ecology of a natural population of the Queensland fruit fly, *Dacus tryoni*. I. The parameters of the pupal and adult population during a single season *Australian Journal of Zoology* 1 5:303-35.

Belgherbi, B., Benabdeli K., 2010. Contribution à l'étude des causes de la dégradation de la forêt de Tamarix de la zone humide de la Macta (Algérie occidentale). *Forêt méditerranéenne* 31, (1) 55-62.

Bess, H.A., Haramoto, F.H. 1961. Contributions to the biology and ecology of the Oriental fruit fly, *Dacus invadens* in Hawaii. *Hawaii Agricultural Experiment Station, Technical Bulletin* 44. 30 pp.

Bigler, V.F. 1982. Die postlarvale Mortalitit der Olivenfiiege, Dacus oleae Gmel. (Dipt., Tephritidae), in Oleas-tergebieten von Westkreta, in The Biology of Dacine fruit flies. *Annual Review of Entomology* 32:115-44.

Bordat D., Arvanitakis L. 2004. Arthropodes des cultures légumières d'Afrique de l'Ouest, Centrale, Mayotte et Réunion. Editions Cirad, Montpellier, France, 291 pp.

Brugneaux, S., Pierret, L., Bouchon, C., Bouchon-Navarro, Y., Portillo, P., Louis M. 2004. Suivi de l'état de santé des récifs coralliens de la Martinique Campagne 2001 – 2003, Observatoire des Milieux Marins Martiniquais, Fort de France, France.

Carroll, L.E., White, I.M., Freidberg, A., Norrbom, A.L., Dallwitz, M.J., Thompson, F.C. 2002. Pest Fruit Flies of the World: Identification, Descriptions, Illustrations, and Information Retrieval, USDA-ARS. Available online: http://www.sel.barc.usda.gov/Diptera/tephriti/pests/adults/

Christenson et Foot, 1960, Christenson, L. D., Foote, R. H. 1960. Biology of fruit flies. *Annual. Review of Entomology* 5:171-92.

CIRAD, 2010. La mangue, sa culture, le chutney de mangue Importations UE, CIRAD, FruiTrop N°183 Novembre/2010. Revue FruiTrophttp://fr.wikipedia.org/wiki/Mangue

Clarke, A.R, Armstrong, K.F., Carmichael, A.E., Milne, J.R., Raghu, S., Roderick, G.K., Yeates, D.K. 2005. Invasive phytophagus pests arising through a recent tropical evolutionary radiation: The *Bactrocera invadens* complex of fruit flies, *Annual Review of entomology*, 50 293-319.

Cohereau, P. 1970. Les mouches de fruits et leurs parasites dans la zone Indo-Australo-Pacifique et particulièrement en Nouvelle Calédonie. *Cahiers ORSTOM, série biologie*, n° 12-Juin 1970, p.15-50.

CRFG., 1996. Mango Fruits Facts Mango, http://www.crfg.org/pub/ff/mango/html
CTA, 2007. Comment lutter contre les mouches de la mangue. Collection Guides pratiques du CTA, No 14, Wageningen, Pays-Bas 4 p.

Dabiré, A. R. 2002. Rapport de mission et proposition d'un plan d'action de lutte contre la cochenille farineuse du manguier *Rastrococcus invadens* et les mouches de fruits. Ouagadougou, Burkina Faso, IN.E.R.A., 14 p.

Dabiré A. R., 2001. Rapport d'activité campagne agricole 2000-2001, INERA, Programme CMFPT, Burkina Faso.

Dalby-Ball, G., Meats, A. 2000 a. Effects of fruit abundance within a tree canopy on the behaviour of wild and cultured Queensland fruit flies, *Bactrocera tryoni* (Froggatt) (Diptera: Tephritidae). *Australian Journal of Entomology* 39, 201-207.

Dalby-Ball, G., Meats, A. 2000 b. Influence of the odour of fruit, yeast and cuelure on the flight activity of the Queensland fruit fly, *Bactrocera tryoni* (Froggatt) (Diptera: Tephritidae). *Australian Journal of Entomology* 39, 195-200.

de Bruno Austin L., Somda I., Rey J. Y., Traoré Y. N., Niang, Y., 2010. Un nouveau fléau des cultures fruitières en Afrique de l'Ouest : les bactérioses des agrumes et des mangues provoquées par *Xanthomonas citri*. La lutte régionale contre les mouches des fruits en Afrique subsaharienne. *COLEACP/CIRAD Lettre d'information n°10 p 3*.

de Laroussilhe, F. 1980. Le Manguier. Techniques agricoles et productions tropicales. Ed. Maisonneuve et Larose. Paris. 312 pp.

De Meyer, M., Robertson, M.P., Mansell, M., Ekesi, S., Tsuruta, K., Mwaiko, W., Vayssières,J.F., Peterson, A.. 2010. Ecological niche and potential geographic distribution of the invasive fruit fly Bactrocera invadens (Diptera Tephritidae) *Bulletin of entomological research*, 100 (1) , 35-48.

De Meyer, M. 2001. On the identity of the natal fruit fly *Ceratitis rosa* Karsch (Diptera, Tephritidae) Bulletin de l'Institut Royal des Sciences Naturelles de Belgique, Entomologie 71, 55–62.

De Meyer, M., 1998. Revision of the subgenus Ceratitis (Ceratalaspis) Hancock (Diptera: Tephritidae), *Bulletin of entomological research* (88) 3 257-290.

De Meyer M (1996) Revision of the subgenus Ceratitis (Pardalaspis) Bezzi, 1918 (Diptera Tephritidae, Ceratitini). *Systematic Entomology* 21, 15-26.

Diallo, Y. 2010. La lutte du PAFASP contre la mouche des fruits. La lutte régionale contre les mouches des fruits en Afrique subsaharienne *COLEACP/CIRAD Lettre d'information* 5, 3.

Djioua, T. 2010. Amélioration de la conservation des mangues 4ème gamme par application de traitements thermiques et utilisation d'une conservation sous atmosphère modifiée. Thèse de doctorat, de l'Université d'Avignon et des Pays de Vaucluse. 169 pp

Drew, R.A.I., Tsuruta, T., White I.M., 2005. A new species of pest fruit fly (Diptera: Tephritidae: Dacinae) from Sri Lanka and Africa. *Fruits* 55, 259-270.

Economopoulos, A.P., Haniotakis, G.E., Mathioudis, J., Missis, N., Kinigakis, P. 1978. Long distance flight of wild and artificially-reared *Dacus oleae* (Gmelin) (Diptera, Tephritidae). Z. Angew Entomol. 87, 101-8.

Ekessi, S., Mohamed, S. 2010. Edito. Fighting Fruit Flies Regionally in Sub-Saharan Africa. *COLEACP/CIRAD Information Letter* 9, 1.

Ekesi, S., Nderitu, P.W., Rwomushana, I. 2006. Field infestation, life history and demographic parameters of the fruit fly *Bactrocera invadens* (Diptera: Tephritidae) in Africa. *Bulletin of Entomological Research* 96, 379-386.

F.A.O. 1999. Cahier de production et protection intégrées appliquée à la culture du manguier en Afrique soudano-sahélienne. Projet G.C.P./RAF/244/BEL, 70 p.

Fay, H.A.C., Meats, A. 1983. The influence of age, ambient temperature, thermal history and mating history on mating frequency in males of the Queensland fruit fly, *Dacus tryoni*. In The Biology of Dacine fruit flies. *Annual Review of Entomology* 32, 115-44.

Féron, M. 1962. L'instinct de reproduction chez la mouche méditerranéenne des fruits *Ceratitis capitata*. Comportement sexuel. Comportement de ponte. *Revue de Pathologie Végétale et Entomologie Agricole de France* 41, 1-129.

Fitt G.P. 1981 a. The ecology of northern Australian Dacinae (Diptera: Tephritidae). Host phenology and utilization of *Opilia amentacea* Roxb. (Opiliaeeaȼ) by *Dacus* (Bactrocera) *opiliae* Drew and Hardy, with notes on some other species. *Australian Journal of Zoology* 29, 691-705.

Fitt, G.P. 1981 b. Pupal survival of two northern Australian tephritid fruit fly species. *Journal of Australian Entomological Society* 20, 139-52.

Fletcher, B.S. 1987. The biology of Dacine fruit flies. *Annual Review of Entomology* 1987. 32, 115-144.

Fletcher, B.S., Economopoulos A.P. 1976. Dispersal of normal and irradiated laboratory strains and wild strains of the olive fly *Dacus oleae* in an olive grove. *Entomologia Experimentalis et Applicata* 20, 183-194.

Fletcher B. S., Kapatos E. T. 1981. Dispersal of the olive fly, *Dacus oleae*, during the summer period on Corfu. *Entomologia Experimentalis et Applicata* 29, 1-8.

Fletcher, B. S. 1989. Life history strategies of Tephritid fruit flies. In Robinson, A. S. and Hooper, G. (eds). *Fruit flies, their biology, natural enemies and control.* Volume 3 B, pp. 195-208, Elsevier, Amsterdam.

Fletcher, B. S., 1979. The over wintering survival of adults of the Queensland fruit fly, *Dacus tryoni*, under natural conditions. *Autralian Journal of Zoology*. 2, 403-11.

Frontier, S., Pichod-Viale, D., 1991. Ecosystèmes : structure, fonctionnement, évolution, Collection d'écologie, 21, Masson France. Germain, J.-F., Vayssieres, J.-F., Matile-Ferrero D. 2010. Preliminary inventory of scale insects on mango trees in Benin, *Entomologia Hellenica* 19, 124-131.

Guenther E., 1948. The Essential Oils - Vol 1: History - Origin In Plants - Production – Analysis. Jepson Press, New York USA 452 p.

Guichard, C. 2009. Interceptions de mangues d'Afrique à l'entrée de l'UE pour cause de mouches des fruits (Tephritidae), La lutte régionale contre les mouches des fruits en Afrique subsaharienne. *COLEACP/CIRAD Lettre d'information* 1, 2.

Guira M., Zongo J.D., 2006. Etude de la distribution des variétés cultivées dans les vergers de manguiers de l'Ouest du Burkina Faso. *Sciences et Techniques, série Sciences Naturelles et Agronomie*, vol. 28, n°1 et 2 : 63-72.

Hala, N., Quilici, S., Gnago, A.J., N'Depo, O.-R., N'Da, A., Kouassi, P. Allou, K. 2006. Status of fruit flies (Diptera Tephritidae) in Côte d'Ivoire and implications for mango exports. Fruit Flies of Economic Importance: From Basic to Applied Knowledge. In: 7th International Symposium on Fruit Flies of Economic Importance, 10-15 September 2006, Salvador, Brazil, pp 233-239.

Hala, N., Kehe, M., Allou K. 2004. Incidence de la cochenille farineuse du manguier Rastrococcus invadens Williams, 1986 (Homoptera ; Pseudococcidae) en Côte d'Ivoire. *Agronomie africaine* 16, (3), 29-36.

Hancock, D. L., 1985. New species and records of African Dacinae (Diptera:Tephritidae). *Arnoldia Zimbabwe* 9, 299-314.

Haramoto, F. H., Bess, H. A. 1970. Recent studies on the abundance of the Oriental and Mediterranean fruit flies and the status of their parasites. *Proceeding of the Hawaiian Entomological Society* 20, 551-66.

Hill, A. R., Hooper, G. H. S. 1984. Attractiveness of various colours to Australian tephritid fruit flies in the field. *Entomologia Experimentalis et Applicata* 35, 119-28

Jayaraman, K. 1999. Manuel de statistique pour la recherche forestière, Kerala Forest Research Institute Peechi, Thrissur, Kerala Inde, 239 p.

Kapatos, E.T., Fletcher B.S., 1986. Mortality factors and life budgets for the immature stage of the olive fly, *Dacus oleae* (Gmel.) (Diptera: Tephritidae) Corfu. *Journal of Applied Entomology* Vol. 102, Issue 1-5, 326–34 2.

Kawano, Y., Mitchell, W.C., Matsumoto, H. 1968. Identification of the male Oriental fruit fly attractant in the golden shower blossom. *Journal of Economic Entomology* 61, 986- 88.

Kiéma, 2007 Kiéma S., Elevage extensif et conservation de la diversité biologique dans les aires protégées de l'Ouest Burkinabé. Arrêt sur leur histoire, épreuves de la gestion actuelle, état et dynamique de la végétation. Thèsede doctorat, Université d'Orléans, France.

Kring, J.B. 1970. Red spheres and yellow panels combined to attract apple maggot flies. *Journal of Economic Entomology* 63, 466-69.

Lafleur, G. 1995. Inventaire des principaux insectes et maladies du manguier *Mangifera indica* L., dans les provinces du Houet et du Kénédougou, Burkina Faso. *Sahel IPM* 4, 9-14.

Leski, R. 1969. Populations Studies of the cherry fruit fly, *Rhagoletis cerasi*. In *Insect Ecology and the Sterile-male Technique*. International Atomic Energy Agency, Vienna 1-7, 102 pp.

Lerebours Pigeonniere, A., Ménager, M-T. *et al.* 2005. Atlas de l'Afrique : Burkina Faso : Groupe Jeune Afrique : les éditions du Jaguar, Paris, France. 62p.

Lux, S.A., Copeland, R.S., White, I.M., Manrakhan, A., Billah, M.K. 2003. A new invasive fruit fly species from the *Bactrocera invadens* (Hendel) group detected in East Africa. *Insect Science and its Application*, 23 (4), 355-361.

MacFarlane, J.R., East, R.W., Drew, R.A.I., Betlinski G.A. 1987. The dispersal of irradiated Queensland fruit fly *Dacus tryoni* (Froggatt) (Diptera: Tephritidae) in south-eastern Australia. *Australian Journal of Zoology* 35, 275 – 281.

Meat, A.1989 a. Abiotic mortality factors. In: Robinson, A.S. and Hooper, G. (eds.). *Fruit flies. Their biology, natural enemies and control.* Volume 3B, pp 195-208, Elsevier, Amsterdam.

Meat, A. 1989 b. Bioclimatic potential. In: Robinson, A.S. and Hooper, G. (eds.). *Fruit flies. Their biology, natural enemies and control.* Vol. 3B, 241-251, Elsevier, Amsterdam.

Metcalf, R.L. 1990. Chemical ecology of dacinae fruit flies (Diptera : Tephritidae), *Annals of Entomological Society of America* (83) 6 1017-1030.

Miyahara, Y., Kawai, A., 1979. Move-mere of sterilized melon fly from Kume Islands to the Amani Islands. Journal of Applied Entomology and Zoology 14, 496-97

Mukhejee, S.K.1997. Introduction, Botany and importance. *In* Litz R. E. The mango Botany, production and uses. CAB International, Wallingford, UK.1-20 pp.

Mwatawala, M.W., de Meyer, M., Makundi, R.H., Maerere, A.P. 2009. Design of an ecologically-based IPM program for fruit flies (Diptera: Tephritidae) in Tanzania. *Fruits* 64, 83-90.

Mwatawala, M.W., de Meyer, M., Makundi, R.H., Maerere, A.P. 2006 a. Biodiversity of fruit flies (Diptera, Tephritidae) in orchards in different agro-ecological zones of the Morogoro region, Tanzania *Fruits* 61 (5) 321–332.

Mwatawala, M.W., de Meyer, M., Makundi, R.H., Maerere A.P. 2006 b. Seasonality and host utilization of the invasive fruit fly, *Bactrocera invadens* (Diptera, Tephritidae) in central Tanzania. *Journal of Applied Entomology* 130, 530-537.

Mwatawala, M.W., White, I.M., Maerere A.P., Senkondo, F.J., de Meyer, M. 2004. A new invasive *Bactrocera* species (Diptera: Tephritidae) in Tanzania. *African Entomology* 12(1), 154-156.

Norrbom, A. 2004. Fruit Fly (Diptera: Tephtitidae) Classification and diversity, Systematic and Entomology Laboratory, ARS, USDA, Departement of entomology, NMNH, SI; The Diptera Site.

Noussourou, M., Diarra, B. 1995. Mouches des fruits au Mali : Bioécologie et possibilités de lutte intégrée. *Sahel IPM* 6, 2-13.

Neilson, W.T.A. 1964. Some effects of relative humidity on development of pupae of the apple maggot, *Rhagoletis pomonella* (Walsh). *Canadian Entomologist*, 96, 810–811.

Neilson, W.T.A., Wood, F.A. 1966. Natural source of food of the apple maggot. *Journal of Economic Entomology* 59, 997-98.

Newell, J. M., Haramoto, F.H. 1968. Biotic factors influencing populations of *Dacus invadens* in Hawaii. Proceeding of Hawaiian Entomology Society 20, 81-139.

Neuenschwander, P., Michelakis P., Bigler, F. 1981. Abiotic factors affecting mortality of *Dacus oleae* larvae and pupae in soil. *Entomologia Experimentalis et Applicata* 30,1-9.

Nishida, T. 1963. Zoogeographical and ecological studies of *Dacus cucurbitae* in India. *Hawaii Agricultural Experiment Station, Technical Bulletin* 54, 28 pp.

Nishida, T., Bess, H.A. 1957. Studies on the ecology and control of the melon fly *Dacus* (Strumeta) *cucurbltae*. *Hawaii Agricultural Experiment Station, Technical Bulletin* 34, 44 pp.

Oatman, E.R. 1964. Apple maggot trap and attractant studies. *Journal of Economic Entomology* 57, 529-31.

Ouedraogo, S.N. 2002. Etude diagnostique des problèmes phytosanitaires du «manguier» (*Mangifera indica* L.), de l'oranger (*Citrus sinensis* (L.) Osbeck) et du mandarinier (*Citrus reticulata* Blanco) dans la province du Kénédougou. Mémoire d'ingénieur du développement rural. Université polytechnique de Bobo-Dioulasso/Institut du développement rural, **94 pp.**

Ossey, R.N., Hala, N., Allou, K., Aboua L.R., Kouassi K.P., Vayssières J.-F., de Meyer M. 2009. Abondance des mouches des fruits dans les zones de production fruitières de Côte d'Ivoire : dynamique des populations de *Bactrocera invadens* (Diptera : Tephritidae) *Fruits* 64, 313–324.

Ouedraogo, S.N. 2007. Etude des attaques de la mangue (*Mangifera indica*) par les mouches des fruits (Diptera : Tephritidae) dans la province du Kénédougou (Ouest du Burkina Faso). Mémoire de Diplôme d'Etudes Approfondie, Université polytechnique de Bobo-Dioulasso/Institut du développement rural, 57 pp.

Peet, R.K. 1974. The measurement of species diversity, *Annual Reviews of Ecology and Systematics*, 5, 285-307.

Pritchard, G. 1969. The ecology of a natural population of the Queensland fruit fly, *Dacus tryoni* II. The distribution of eggs and its relationship to behaviour. *Australian Journal of Zoology* 29, 691-705.

Prokopy R. J., 1977. Epideictic pheromones that influence spacing patterns of phytophagous insects. In Semiochemicals:Their Role in Pest Control, ed. D.A. Nordlund, R. L. Jones, W. J. Lewis10:181-218. New York: Wiley. 306 pp.

Prokopy, R. J. 1968 a. Influence of photoperiod, temperature, and food on initiation of diapause in the apple maggot. *Canadian Entomologist* 100, 318-29.

Prokopy, R. J. 1968 b. Visual responses of apple maggot flies, *Rhagoletis pomonella*: Orchard studies. *Entomologia Experimentalis et Applicata* 11, 403-22.

Prokopy, R. J. 1968. Sticky spheres for estimating apple maggot adult abundance. *Journal of Economic Entomology* 61, 1082-85.

Qureshi, Z.A., Ashraf, M., Bughio, A.R., Siddiqui, Q.H. 1975. Population fluctuation and dispersal studies of the fruit fly, *Dacus zonams* (Saunders). In Sterility Principle for Insect Control, ed. International Atomic Energy Agency, pp. 201-7.Vienna.

Ragazzi, A. 1991. Manuale Di Patologia Vegetale Tropicale e Subtropicale. Cueno, Italia, Ed. Università della Pace, 70 p.

Raghu, S. 2002. The autecologie of *Bactrocera cacuminata* (Hering) (Diptera Tephritidae: Dacinae): Functional significance of resources, Griffith University, Griffith, Australia, Phd Thesis, 241 p.

Rouland-Lefèvre, C. 2010. Termites as Pests of Agriculture, in Biology of termites: A modern synthesis, ed. Springer Dordrecht Heidelberg London New York, pp 499 – 517.

Sangne, Y., Adou-Yao, Y., N'Guessen, K.E., 2008. Transformations de la flore d'une forêt dense sémi décidue : impact des activités humaines (Centre Ouest de la Côte d'Ivoire) *Agronomie Africaine* 20, (1) 1-11.

Sawadogo, A., Guira, M. Kone, M. 2001. Recherche Développement en Arboriculture Fruitière au Burkina Faso, Foire : « Fête de la mangue », Orodara, Burkina Faso, 8 – 10 juin 2001, Bobo-Dioulasso, Burkina Faso, IN.E.R.A./CRREA Ouest, 22p.

Singh, P. 1982. The rearing of beneficial insects. *New Zealand Entomologist*, Vol. 7, No. 3.

Smith, E.S.C. 1977. Studies on the biology and commodity control of the banana fly, *Dacus musae* (Tryon), in Papua New Guinea. *Papua New Guinea Agriculture Journal* 28, 47- 56.

Sørensen, T.A. 1948. A method of establishing groups of equal amplitude in plant sociology based on similarity of species content, and its application to analyses of the vegtation on Danish commons Kongelige, Danske Videnskabernes Selskabs , *Biologiske Skrifter* 5, 1–34.

Srivastava, H.C. 1967. Grading, storage and marketing.The mango, an handbook. In Le Manguier. Techniques agricoles et productions tropicales. Ed Maisonneuve et Larose. Paris. 312 pp.

Steiner, L.F., Mitchell, W.C., Baumliover, A.H. 1962. Progress of fruit fly control by irradiation sterilization in Hawaii and the Mariana Islands. Int. *J. Appl. Radiat. Isot.* 13:427-34

Syed, R. A., 1968. Studies on the ecology of some important species of fruit flies and their natural enemies in West Pakistan. Pak. Commonw. Inst. Biol.Control Stn. Rep., Rawalpindi. Farnham Royal, Slough, UK: Commonw. Agric.Bur. 20 pp.

Tzanakakis, M.E., Tsitsipis, J.A., Economopoulos M.E. 1968. Frequency of mating in females of the olive fruit fly under laboratory conditions. *Journal of Economic Entomology* 6, 1309-12.

Umeh, V.C., Garcia, L.E., de Meyer, M. 2008. Fruit flies of citrus in Nigeria: species diversity, relative abundance and spread in major producing areas, *Fruits* 63 (3) 145–153.

Van Mele, P., Vayssières, J.F., Adandonon, A., Sinzogan, A.A.C. 2009. Ant cues affect the oviposition behaviour of fruit flies (Diptera: Tephritidae) in Africa. *Physiological entomology*, 34 (3), 256-261.

Vayssieres, J.-F., Sinzogan A., Adandonon A. 2010 a. Projet Régional de Lutte Contre les Mouches des Fruits en Afrique de l'Ouest West African Fruit Fly Initiative (WAFFI) Rapport Final / WAFFI 2, CIRAD/ IITA, Cotonou, 62 p.

Vayssières, J.F., Wharton, R., Adandonon, A., Sinzogan, A.A.C. 2010 b. Preliminary inventory of parasitoids associated with fruit flies in mangoes, guavas, cashew ,pepper and wild fruit crops in Benin; *Biocontrol,* 56 (1), 35-43.

Vayssières, J.F., Sinzogan, A.A.C., Adandonon, A., Ayégnon, D., Ouagoussounon, I., Modjibou, S. 2010 b. Principaux fruitiers locaux des zones Guinéo-Soudaniennes du Bénin : Inventaire, périodes de production et dégâts dus aux mouches des fruits. *Fruit, vegetable and cereal science and biotechnology, Global Science Books* 4, (Special Issue1), 42-46

Vayssières et Sinzogan, 2009 a. Lutte La lutte contre les mouches des fruits à travers l'hygiène phytosanitaire du verger: lutte prophylactique Fiche technique 10, CIRAD, UPR Production Fruitière, Montpellier, France; IITA Cotonou Bénin, 4 pp.

Vayssières J.F., Sinzogan A.A.C., Korie S., Ouagoussounon I., Thomas-Odjo A.. 2009. Effectiveness of spinosad bait sprays (GF-120) in controlling mango-infesting fruit flies (Diptera: Tephritidae) in Benin. Journal of economic entomology 102 (2), 515-521.

Vayssières, J.-F., Sinzogan, A., Adandonon, A., 2009 c. Gamme de plantes-hôtes cultivées et sauvages pour les principales espèces de mouches des fruits au Bénin. Fiche Technique 8. CIRAD, UPR roduction Fruitière, Montpellier, France; IITA Cotonou Bénin, 4 p

Vayssières, J.-F., Korie, S., Ayegnon, D., 2009 d. Correlation of fruit fly (Diptera Tephritidae) infestation of major mango cultivars in Borgou (Benin) with abiotic and biotic factors and assessment of damage, Crop Protection 28, 477– 488.

Vayssières, J.-F., Korie, S., Coulibaly, O., Temple, L., Boueyi, S.P. 2008 a. The mango tree in northern Benin: cultivar inventory, yield assessment, infested stages and loss due to fruit flies (Diptera Tephritidae). *Fruits,* 2008, 63, 1–8

Vayssieres, J.-F., Sinzogan, A., Bokonon-Ganta, A. 2008 b. La nouvelle espèce invasive de mouche des fruits : *Bactrocera invadens* Drew Tsuruta & White. Fiche technique 2, CIRAD, UPR Production Fruitière, Montpellier, France; IITA Cotonou, 4 pp.

Vayssieres, J.-F., Sinzogan, A., Bokonon-Ganta, A. 2008 c. Les mouches des fruits du genre Ceratitis (Diptera: Tephritidae) en Afrique de l'Ouest. Fiche technique 1, CIRAD, UPR Production Fruitière, Montpellier, France; IITA Cotonou Bénin, 4 pp.

Vayssières et Sinzogan, 2008 a Utilisation des fourmis tisserandes (Hymenoptera Formicidae) dans la lutte contre les mouches des fruits (Diptera Tephritidae). Technique 5, CIRAD, UPR Production Fruitière, Montpellier, France; IITA Cotonou Bénin, 4 pp

Vayssières, J.-F., Sinzogan, A. 2008 b. Piégeage de détection des mouches des fruits. Fiche Technique 3, CIRAD, UPR Production Fruitière, Montpellier, France; IITA Cotonou Bénin, 4 pp

Vayssières, J.-F., Goergen, G., Lokossou, O., Dossa, P., Akponon, C., 2005. A new Bactrocera species in Benin among mango fruit fly (Diptera : Tephritidae) species. *Fruits* 60, 371-377.

Vayssieres J.-F., Sanogo, F., Noussourou, M. 2004. Inventaire des espèces de mouches de fruits (Diptera: Teppritidae) inféodées au «manguier» au Mali et essai de lutte raisonnée. *Fruits* 59, 1-14.

Vayssieres, J.-F., Kalabane, S. 2000. Inventory and fluctuations of the catches of Diptera Tephritidae associated with mangoes in costal Guinea. *Fruits* 55, 259-270.

White, I.M. 2006. Taxonomy of the Dacinae (Diptera: Tephritidae) of Africa and the Middle East. African Entomology, Memoir N° 2, Entomological Society of Southern Africa, Hatfield, South Africa.

White I.E., Elson-Harris M.M., 1992: Fruit flies of economic significance: their identification and bionomics, CAB International, Wallingford, UK, 601 p.

Wharton, R.A. Gilstrap F.E. 1983. Key to the status of opiine braconid (Hymenoptera) parasitoids used in bio-logical control of *Ceratitis capitata* **and *Dacus* s.l.** (Diptera:Tephritidae). *Annals of the Entomological Society of America* 76,721~12.

Wong, T.T.Y., Mochizuki, N., Nishi-Moto, J.I. 1984. Seasonal abundance of parasitoids of the Mediterranean and oriental fruit flies (Diptera: Tephritidae) in the Kula area of Maui, Hawaii. Environ.Entomol. 13:140-45.

Yasamatsu, K., Nagatoml, A. 1959. Studies on the control of *Dacus*(Tetradacus) *tsuneonis*. I. Some fundamental and biological investigations essential for its control. *Science Bulletin of the Faculty of Agriculture Kyushu University* 17, 129-46

ANNEXES

Annexe 1 : Variétés de mangues échantillonnées

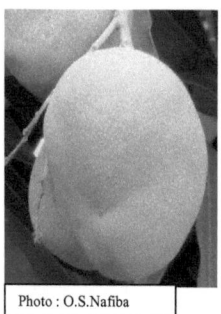

Photo : O.S.Nafiba

Mango vert

Photo : O.S.Nafiba

Sabre

Photo : V. Jean-François

Amélie

Photo : V. Jean-François

Springfels

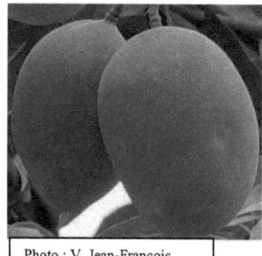

Photo : V. Jean-François

Lippens

Photo : V. Jean-François

Kent

Photo : V. Jean-François

Brooks

Photo : V. Jean-François

Keitt

Annexe 2 : Fiches de collecte des données

Annexe 2.1 : Fiche d'identification des mouches des fruits

Dates de relevé des pièges	Localités	Attractif	N° piège	C.cosyra	C.silvestrii	C.quinaria	C.fasciventris	C.capitata	C.anonae	C.punctata	C.ditissima	C.bremii	B.invadens	B.cucurbitae	D.ciliatus	D.pleuralis	D.vertebratus

Nombre d'individus par espèce

Annexe 2.2: Fiche de prélèvement d'échantillons de mangues

Localité :

N°	Dates de prélève-ment	Cultivars	Nombre de fruits	Nombre de fruits murs	Nombre de fruits non murs	Poids total en Kg
1						
2						
3						
4						
5						
6						
7						
8						
9						
10						
11						
12						
13						
14						
15						
16						
17						
18						
19						
20						
21						
22						

Annexe 2.3 : Fiche de suivi des incubations

Localité :

Date de prélèvement :

FM : nombre de fruits murs attaqué, FNM : Nombre de fruits non murs attaqués, P : Nombre de pupe

N°	Cultivars	N. arbre	Nbr. fruit	Poids (en g)	Nombre de fruits attaqués et de pupes par observation													
					Obs. 1			Obs. 2			Obs. 3			Obs. 4			Obs. 5		
					FM	FNM	P	FM	FNM	P	FM	FNM	P	FM	FNM	P	FM	FNM	P
1																			
2																			
3																			
4																			
5																			
6																			
7																			
8																			
9																			
10																			
11																			
12																			
13																			
14																			
15																			
16																			
17																			
18																			
19																			

Annexe 2.4 : Fiche de suivi des éclosions de pupes

Localité :

Date de prélèvement :

Csp. *: Cératitis sp*, B.i. *: Bactrocera invadens,* Par : Parasitoïdes, Aut. : Autres insectes

N°	Cultivars	N° arbre	N° fruit	Poids (en g)	Nbre de pupes collecté	Nombre d'adultes par observation											
						Obs. 1				Obs. 2				Obs. 3			
						C. sp	B. d	Aut	Par.	C. sp	B. d	Aut	Par.	C. sp	B. i	Aut	Par.
1																	
2																	
3																	
4																	
5																	
6																	
7																	
8																	
9																	
10																	
11																	
12																	
13																	
14																	
15																	
16																	
17																	
18																	
19																	

Annexe 2.5: Fiche de suivi des incubations (Fruits sauvages)

N°	Localités	Date de prél.	Genre	Espèces	Nbre fruits	Poids	Obs 1			Obs 2			Obs 3			Obs 4			Obs 5		
							FM	FNM	Pup	FM	FNM	Pup	FM	FNM	Pup	FM	FNM	Pup	FM	FNM	Pup

Nombres de fruits attaqués par observation

Annexe 3 : Proportions (en %) des différentes espèces de Tephritidae capturées au cours de l'inventaire dans des vergers de l'Ouest du Burkina entre décembre 2007 et décembre 2009

Espèces	Proportions des captures (en%) par sites							
	Guénako	*Koloko*	*Soubakanié-dougou*	*Toussian-Bandougou*	*Tengrela*	*Toussiana*	*Véguérésso*	*Zone de l'étude*
B. cucurbitae F	0,031	0,066	0,526	0,150	0,293	0,076	2,399	0,272
B. cucurbitae M	0,055	0,034	0,073	0,138	0,220	0,133	1,495	0,188
B. cucurbitae F+M	0,086	0,100	0,600	0,288	0,512	0,209	3,893	0,460
B. invadens F	15,956	22,634	16,903	25,740	18,185	14,556	11,027	18,759
B. invadens M	15,511	18,342	17,839	29,270	12,642	13,971	9,081	17,435
B. invadens F+M	31,467	40,976	34,742	55,011	30,827	28,527	20,108	36,194
C. anonae F	0,000	0,003	0,000	0,000	0,000	0,000	0,000	0,001
C. anonae M	0,000	0,003	0,000	0,000	0,000	0,000	0,000	0,001
C. anonae F+M	0,000	0,006	0,000	0,000	0,000	0,000	0,000	0,002
C. bremii F	0,039	0,074	0,073	0,282	0,311	0,045	0,088	0,104
C. bremii M	0,016	0,031	0,015	0,348	0,055	0,024	0,038	0,073
C. bremii F+M	0,055	0,106	0,088	0,630	0,366	0,070	0,126	0,177
C. capitata F	0,023	0,014	0,132	0,024	0,018	0,015	0,000	0,023
C. capitata M	0,008	0,009	0,044	0,000	0,000	0,000	0,000	0,006
C. capitata F+M	0,031	0,023	0,175	0,024	0,018	0,015	0,000	0,029
C. cosyra F	38,457	32,538	26,320	23,795	25,906	37,023	22,394	31,847
C. cosyra M	20,314	20,228	23,351	13,588	22,484	25,854	20,372	21,171
C. cosyra F+M	58,771	52,766	49,671	37,382	48,390	62,877	42,766	53,018
C. ditissima F	0,023	0,017	0,044	0,012	0,000	0,012	0,025	0,017
C. ditissima M	0,008	0,014	0,000	0,000	0,000	0,006	0,000	0,007
C. ditissima F+M	0,031	0,031	0,044	0,012	0,000	0,018	0,025	0,024
C. fasciventris F	0,594	0,616	1,067	1,267	0,695	0,327	0,276	0,632
C. fasciventris M	0,344	0,365	0,702	0,835	0,421	0,176	0,100	0,380
C. fasciventris F+M	0,937	0,982	1,769	2,101	1,116	0,503	0,377	1,012
C. silvestrii F	3,843	2,140	1,360	1,861	1,518	1,948	3,680	2,262
C. silvestrii M	2,741	1,355	1,477	0,895	1,793	1,491	3,253	1,634

Source : Piégeage, O. S. Nafiba

F : Femelles   M : Mâles   F + M : Mâles et femelles

Annexe 3 (Suite) : Proportions (en %) des différentes espèces de Tephritidae capturées au cours de l'inventaire dans des vergers de l'Ouest du Burkina entre décembre 2007 et décembre 2009

Espèces	Guénako	Koloko	Soubakanié-dougou	Toussian-Bandougou	Tengrela	Toussiana	Yéguérésso	Zone de l'étude
C. silvestrii M+F	6,584	3,496	2,837	2,756	3,311	3,439	6,933	3,896
C. punctata F	0,164	0,160	0,395	0,462	0,220	0,018	0,025	0,171
C. punctata M	0,148	0,148	0,219	0,288	0,220	0,006	0,025	0,127
C. punctata F+M	0,312	0,308	0,614	0,751	0,439	0,024	0,050	0,298
C. quinaria F	0,234	0,245	0,117	0,054	0,055	0,270	0,025	0,193
C. quinaria M	0,094	0,174	0,058	0,018	0,018	0,139	0,038	0,110
C. quinaria F+M	0,328	0,419	0,175	0,072	0,073	0,409	0,063	0,303
D. bivittatus F	0,008	0,000	0,000	0,000	0,018	0,003	0,389	0,029
D. bivittatus M	0,000	0,000	0,000	0,012	0,000	0,003	0,000	0,003
D. bivittatus F+M	0,008	0,000	0,000	0,012	0,018	0,006	0,389	0,031
D. ciliatus F	0,117	0,177	0,541	0,072	1,061	0,458	1,155	0,363
D. ciliatus M	0,351	0,237	1,024	0,060	1,537	0,470	2,148	0,525
D. ciliatus F+M	0,469	0,414	1,565	0,132	2,598	0,927	3,303	0,887
D. langii F	0,000	0,000	0,029	0,000	0,000	0,003	0,000	0,003
D. langii M	0,000	0,000	0,000	0,000	0,018	0,000	0,000	0,001
D. langii F+M	0,000	0,000	0,029	0,000	0,018	0,003	0,000	0,003
D. longistylus F	0,000	0,000	0,000	0,000	0,000	0,000	0,000	0,000
D. longistylus M	0,031	0,000	0,015	0,000	0,055	0,003	0,013	0,008
D. longistylus F+M	0,031	0,000	0,015	0,000	0,055	0,003	0,013	0,008
D. punctatifrons F	0,016	0,006	0,015	0,012	0,000	0,052	0,327	0,042
D. punctatifrons M	0,039	0,011	0,132	0,012	0,000	0,055	0,578	0,071
D. punctatifrons F+M	0,055	0,017	0,146	0,024	0,000	0,106	0,904	0,114
D. vertebratus F	0,328	0,160	2,968	0,504	7,666	1,379	9,847	1,735
D. vertebratus M	0,492	0,194	4,518	0,300	4,555	1,466	10,726	1,764
D. vertebratus F+M	0,820	0,354	7,486	0,805	12,221	2,845	20,573	3,498

Source : Piégeage, O. S. Nafìba

F : Femelles   M : Mâles   F + M : Mâles et femelles

Annexe 4 : Liste des plantes inventoriées avec quelques caractéristiques

Familles	Genres	Espèces	Descripteurs	Périodes de floraison
Sapotaceae	Vitellaria	paradoxa	Gaertn.f	Saison sèche (Décembre à Avril)
Caesalpiniaceae	Swartzia	madagascariensis	Desv	fin saison sèche (après prémieres pluies)
Caesalpiniaceae	Daniellia	oliveri	(rolfe) hutch.et al	première moitié saison sèche
combretaceae	Terminalia	macroptera	guill et perr	première moitié saison sèche
Euphorbiaceae	Bridelia	ferruginea	benth	séconde partie saison sèche, debut saison des pluies
annonacée	Anxona	senegalensis	pers	fin saison sèche et saison des pluies
Caesalpiniaceae	Piliostigma	thonningii	schumach. Milne-redh	saison sèche après les prémiers pluies
Ebenaceae	Dichrostachys	cinerea		séconde partie saison sèche
Mimosaceae	Parkia	biglobosa	(jacq.) R.br ex.G. don	séconde partie saison sèche
Caesalpiniaceae	Tamarindus	indica	L	fin de saison sèche et
Ebenaceae	Diospyros	mespiliformis	hochst. Esc.A.R.ch	séconde partie de la saison sèche
Anacardiaceae	Maugifera	indica	L	début de saison sèche (variable selon les variétés)
Caesalpiniaceae	Cassia	sieberiana	Dc	saison sèche
verbénacée	Vitex	doniana	Swee	séconde partie de la saison sèche ou début saison des pluies
Araliaceae	Cussonia	baterii	hochst. Esc A. rich	saison sèche et fructification fin de saison sèche ou début saison des pluies
Celastraceae	Maytenus	senegalensis	(lam) escell	saison sèche
Bignoniaceae	Stereospermum	kunthianum	chan	saison sèche
Papillionaceae	Afornosia	laxiflora	(benth) vgn meeuwen	saison sèche ou début saison des pluies
Moracée	Ficus	sur	forssk	fruitification en début de sèche et de saison des pluies
Combretaceae	Combretum	collinum	fresen	seconde partie de saison sèche ou debut de saison des pluies
Myrtaceae	Syzygium	guineense	(wll.1) oc	saison sèche
Chrysobalanaceae	Parirari	curatellifolia	(sabine) prance	seconde partie de saison sèche

Annexe 4 (Suite 1): Liste des plantes inventoriées avec quelques caractéristiques

Familles	Genres	Espèces	Descripteurs	Périodes de floraison
Combretaceae	Pteleopsis	suberosa	angl. Et siels	début saison sèche
Hyménocardicea	Hymenocardia	acida	tul	seconde partie de saison sèche
Ochnacée	Lophira	lanceolata	van tieghi esc reay	saison sèche
Caesalpiniaceae	Detarium	microcarpum	guill. Et perr	saison des pluies
Anacardiaceae	Lannea	velutina	A. rich	floraison et futitification fin saison sèche
Polygaceae	Securidaca	longepedunculata	fres	seconde partie de saison sèche
Clusiaceae	Crossopteryx	febrifuga	spach	seconde partie de saison sèche
Rubiaceae	Sarcocephalus	latifolius	(smith) bnucé	première parti saison des pluies
Rutacea	Fagara	zanthoxyloides	(lam.) watermnn	première parti saison sèche et saison des pluies
Rubiaceae	Pavetta	crassipes	k. schum	fin de saison sèche ou première pluie
Ttiliaceae	Grewia	bicolor	juss	début saison des pluies
Caesalpiniaceae	Afzelia	africana	smith esc pers	saison des pluies
Euphorbiaceae	Magariataria	discoïdae	(baitt) webster	seconde partie de saison sèche
Méliaceae	Azadirachta	indica	A. juss	presque toute l'année selon les stades
Anacardiaceae	Ozoroa	insignis	del	pendant la saison sèche
Papillionaceae	Pterocarpus	erinaceus	poir	pendant la saison sèche
Combreteaceae	Terminalia	glaucescens		seconde partie de saison sèche
Apocynaceae	Landolphia	heudelotii		seconde partie de saison sèche
Fabaceae	Erythrina	senegalensis		prémière moitié de la saison sèche
Rubiaceae	Gardenia	termifolia	schuma et thonn	durant presque toute l'année, abondante en saison sèche
Combretaceae	Terminalia	laxiflora	engl	seconde partie de saison sèche

Annexe 4 (Suite 2): Liste des plantes inventoriées avec quelques caractéristiques

Familles	Genres	Espèces	Descripteurs	Périodes de floraison
Caesalpiniaceae	Burkea	africana	hook.f	fin de saison sèche
Cochlospermacées	Cochlospermum planchonii		(guill. Et pen.) 2ndl.	
Opiliaceae	Opilia	celtidifolia	esc	début saison sèche
Loganiaceae	Strychnos	spinosa	lam	fin de la saison sèche et début de saison des pluies
Sterculiacée	Cola	cordifolia	(cav.) r. br.	première partie de la saison sèche
Euphorbiaceae	Phyllanthus	muellerinus	(o.ktze.) exell	fin de la saison sèche
Combretaceae	Combretum	nigricans	lepre. Esc guill et perr	saison sèche, surtout en fonction des feux de brousse
Mimosaceae	Entada	africana	guill. Et perr.	fin de la saison sèche
Rubiaceae	Crossopteryx	febrifuga		seconde partie de saison sèche
Combretaceae	Guiera	senegalensis	j.f.gnel	presque toute l'année, souvent 2 fois an et durant toute la saison sèche
Cesalpinaceae	Bertnia	dalzielii		seconde partie de saison sèche
Apocynaceae	Saba	senegalensis	(a. dc) aichon	
Flacourtiaceae	Flacourtia	indica		fin de la saison sèche
Arécaceae	Elaeïs	guineensis	jacq	seconde partie de la saison des pluies
Sapindaceae	Paullinia	pinnata	l	fin de la saison sèche et en saison des pluies
Euphorbiaceae	Securinega	virosa	(roxb. Ex. kuld) voigt	fin de la saison sèche aux premières pluies
Taccacée	Tacca	involucrata		
Fabaceae	Indigofera	tinctorium		
Sterculiaceae	Waltheria	indica		

Résumé

Ravageurs de quarantaine, les mouches des fruits (Diptera : Tephritidae) constituent une contrainte importante à l'exportation de la mangue au Burkina Faso. L'objectif de cette étude était d'améliorer les connaissances sur l'écologie de ces ravageurs. Entre décembre 2007 et décembre 2009, 1156598 Tephritidae ont été capturés dans 7 vergers présentant 8 cultivars différents. Pendant cette période, l'évolution de la température, de l'hygrométrie et de la pluviométrie a été notée. 19764 mangues ont été collectées et observées afin de déterminer leur niveau d'infestation par ces insectes. Dix-huit espèces des genres *Bactrocera*, *Ceratitis*, et *Dacus* ont été identifiées, *B. invadens* et *C. cosyra* étant les plus abondantes. Les pics des populations de mâles et de femelles, apparaissent entre mai et juin selon les sites. Les femelles, présentent aussi un pic en période de floraison des manguiers. Sept espèces de Tephritidae infestent les mangues et l'incidence moyenne de leurs dégâts varie entre 0% (Sabre) et 12,5% (Keitt), Keitt et Brooks sont les cultivars les plus infestés. 64% de ces dégâts sont causés par *B. invadens* et 31% par *C. cosyra*. L'inventaire des essences ligneuses autour de ces sites ainsi que la collecte et l'incubation de leurs fruits entre avril 2008 et décembre 2009 ont aussi été effectués. 105 ligneux ont été recensés autour des vergers. Les fruits de 13 d'entre eux sont infestés par 7 espèces de Tephritidae dont 6 se retrouvent aussi dans les mangues. Il s'agit surtout de *C. cosyra* mais aussi de *C. silvestrii*, *C. puntata* et *B. invadens*.

Ce travail montre les corrélations significativees entre les facteurs climatiques, la fluctuation des populations, et les dégâts observés. Les espèces ligneuses alentours sont des refuges permettant le maintien des populations même hors saison de la mangue. Ces résultats nouveaux permettent l'adaptation de la lutte contre ces ravageurs économiquement importants au contexte agro-écologique de la zone d'étude.

<u>Mots clés</u> : Burkina Faso, Manguiers, Tephritidae, Cultivars, Facteurs climatiques, Espèces ligneuses, Dégâts de mouches des fruits

Abstract

Classified as a quarantine pest, mango fruit flies (Diptera Tephritidae) are an important constraint for mango exportation from Burkina Faso. The main objective of this study was the enhanced understanding of the ecology of mango's Tephritids. 1156598 Tephritid flies were traped from December 2007 to December 2009 in 7 mango orchards. During this monitoring, temperature, relative humidity and rainfalls were registered. 19764 mango fruits from 8 cultivars were collected and obsreved during mango season in order to assess fruit flies damages. Eighteen Tephritids species notably from *Bactrocera*, *Ceratitis* and *Dacus* genus were identified and *B. invadens* and *C. cosyra* are the dominant ones. The population peaks of males and females appear in the months of May & June according to the sites. The females present a peak during the flowering period also of the mango trees. Seven species of mango infesting fruit flies have been identified and the incidence of this infestation varies between 0% (Sabre) and 12.5% (Keitt). Keitt and Brooks are the most infested mango cultivars. 64 % of these damages are caused by *B. invadens* while 31 % by *C. cosyra*. The inventory of the woody plants around these sites as well as the collection and the incubation of their fruits between April 2008 and December 2009 were also carried out. 105 woody trees had been listed around the mango orchards. Out of which, the fruits of 13 trees were found infested by 7 species of Tephritids, of which, 6 are also found in mangos. It is especially *C. cosyra* but also *C. silvestrii, C. puntata* and *B. invadens*.

This work shows significant correlations between Tephiritids population fluctuations, climatic factors and mango damages. The woody species around mango tree orchards shelter these pests even after mango season. These new results allow the adaptation of the mango fruit flies control methods in the particular agro-ecological area of our study zone.

<u>Key words:</u> Burkina Faso, Mango tree, Tephritidae, Cultivars, Climatic factors, woody species, Fruit fly infestation

Nos doctorants à l'honneur.

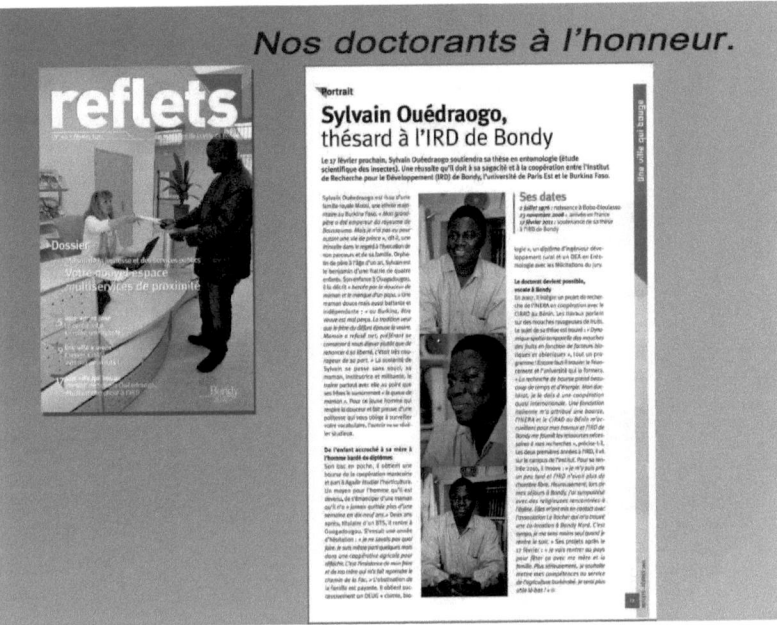

I want morebooks!

Buy your books fast and straightforward online - at one of the world's fastest growing online book stores! Environmentally sound due to Print-on-Demand technologies.

Buy your books online at
www.get-morebooks.com

Achetez vos livres en ligne, vite et bien, sur l'une des librairies en ligne les plus performantes au monde!
En protégeant nos ressources et notre environnement grâce à l'impression à la demande.

La librairie en ligne pour acheter plus vite
www.morebooks.fr

OmniScriptum Marketing DEU GmbH
Heinrich-Böcking-Str. 6-8
D - 66121 Saarbrücken
Telefax: +49 681 93 81 567-9

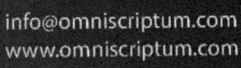

Printed by Books on Demand GmbH, Norderstedt / Germany